INHALTSVERZEICHNIS

1. EINFÜHRUNG 3
2. VERFAHREN ZUR ANERKENNUNG 5
3. ANWENDUNG DER KRITERIEN FÜR
   ANERKENNUNG UND ÜBERPRÜFUNG 6
4. KRITERIENKATALOG 7
   Strukturelle Kriterien (1) - (20) 7
      Repräsentativität (1) 7
      Flächengröße (2) 7
      Zonierung (3) - (7) 7
      Rechtliche Sicherung (8) - (11) 7
      Verwaltung und Organisation (12) - (16) 8
      Planung (17) - (20) 8
   Funktionale Kriterien (21) - (39) 8
      Nachhaltige Nutzung und Entwicklung (21) - (24) 8
      Naturhaushalt und Landschaftspflege (25) - (27) 9
      Biodiversität (28) 9
      Forschung (29), (30) 9
      Ökologische Umweltbeobachtung (31) - (33) 9
      Umweltbildung (34) - (36) 10
      Öffentlichkeitsarbeit und Kommunikation (37) - (39) .. 10

5. ERLÄUTERUNGEN 11
   Strukturelle Kriterien (1) - (20) 11
      Repräsentativität (1) 12
      Flächengröße (2) 14
      Zonierung (3) - (7) 15
      Rechtliche Sicherung (8) - (11) 17
      Verwaltung und Organisation (12) - (16) 19
      Planung (17) - (19) 22
   Funktionale Kriterien (21) - (39) 25
      Nachhaltige Nutzung und Entwicklung (21) - (24) 26
      Naturhaushalt und Landschaftspflege (25) - (27) 29
      Biodiversität (28) 31
      Forschung (29), (30) 32
      Ökologische Umweltbeobachtung (31) - (33) 35
      Umweltbildung (34) - (36) 37
      Öffentlichkeitsarbeit und Kommunikation (37) - (39) .. 39

6. LITERATURVERZEICHNIS 41
7. ANHANG 44
      7.1 Glossar 44
      7.2 Abkürzungsverzeichnis 48
      7.3 Biosphere Reserve Nomination Form 49

1. EINFÜHRUNG

Die United Nations Educational, Scientific and Cultural Organization (UNESCO) erkannte als eine der ersten internationalen Organisationen die globalen Herausforderungen, die sich aus den vielfältigen Umweltproblemen ergaben. Anläßlich der 16. Generalkonferenz der UNESCO 1970 riefen die Regierungen der Mitgliedsstaaten der UNESCO – mit Annahme der Resolution 2.313 – das interdisziplinär ausgerichtete, zwischenstaatliche Programm "Der Mensch und die Biosphäre" (MAB) ins Leben. Aufgabe des MAB-Programms ist es, international koordiniert auf nationaler Ebene Grundlagen für eine nachhaltige Nutzung und für eine wirksame Erhaltung der natürlichen Ressourcen der Biosphäre zu erarbeiten bzw. diese zu verbessern (UNESCO 1972).

In der Gründungsphase legte die UNESCO vierzehn Projektbereiche als Orientierungsrahmen für die Koordination der MAB-Arbeiten fest. Der Projektbereich 8: "Erhaltung von Naturgebieten und des darin enthaltenen genetischen Materials" stellt den Kern des MAB-Programms dar. Sein Ziel ist der Aufbau eines weltumspannenden Gebietssystems, das sämtliche Landschaftstypen der Welt in sogenannten "Biosphärenreservaten" exemplarisch abbildet. Ein Biosphärenreservat (biosphere reserve) wird deshalb als repräsentativer Ausschnitt eines bestimmten Landschaftsraums ausgewählt und nicht aufgrund seiner Schutzwürdigkeit oder Einmaligkeit. Seit der UN-Konferenz für Umwelt und Entwicklung in Rio de Janeiro (UNCED 1992) erfahren Biosphärenreservate zunehmende Beachtung. Sie gelten weltweit als wichtiges Instrument, eine nachhaltige, d.h. dauerhaft-umweltgerechte Nutzung modellhaft in einem weltweiten Netzwerk zu entwickeln, zu erproben und umzusetzen.

In Biosphärenreservaten werden die Ziele des MAB-Programms (Deutsches MAB-Nationalkomitee 1991, S.11) konkretisiert und umgesetzt. Zur Zeit der Anerkennung der ersten Biosphärenreservate in den 70er Jahren stand der Schutz bedeutender Naturlandschaften im Vordergrund, was sich bis heute im Titel des 8. Projektbereiches widerspiegelt. Seit den 80er Jahren hat sich die Konzeption in Richtung Schutz, Pflege und Entwicklung von Kulturlandschaften gewandelt.

Der Internationale Koordinationsrat (ICC) des MAB-Programms, der sich aus Vertretern von 30 gewählten Mitgliedsstaaten der UNESCO zusammensetzt, verabschiedete auf seiner 8. Sitzung (1984) den "Action Plan for Biosphere Reserves" (UNESCO 1984). Die Regierungen verpflichten sich darin und fordern insbesondere die betroffenen internationalen Organisationen auf, am MAB-Programm mitzuwirken und gemeinsam

▼ Maßnahmen zur Verbesserung und zum Ausbau des internationalen Biosphärenreservatnetzes zu ergreifen,

▼ in Biosphärenreservaten Grundlagen für den Erhalt der Funktionsfähigkeit der Ökosysteme und den Schutz der biologischen Vielfalt zu erarbeiten und

▼ Biosphärenreservate als Instrument für Schutz, Pflege und nachhaltige Entwicklung repräsentativer Landschaften herauszustellen (UNESCO 1984, S.11).

Zur Umsetzung der in der UNESCO beschlossenen internationalen Vereinbarungen berufen die am MAB-Programm beteiligten Staaten Nationalkomitees. Sie setzen sich aus Vertretern wissenschaftlicher Disziplinen sowie Vertretern verschiedener Fachressorts und Fachinstitutionen des Bundes und der Länder zusammen. Ihnen obliegt die Mitwirkung bei der internationalen Programmgestaltung sowie die Anregung, Beratung und Durchführung der nationalen Programmbeiträge.

Um seinen internationalen Verpflichtungen nachzukommen, hat das Deutsche MAB-Nationalkomitee beschlossen, "Kriterien für Anerkennung und Überprüfung von Biosphärenreservaten der UNESCO in Deutschland" zu erstellen. Mit Hilfe dieser Kriterien sollen sowohl Anträge auf Anerkennung neuer Biosphärenreservate als auch die Entwicklung bestehender Biosphärenreservate geprüft werden. Die Überprüfung bestehender Biosphärenreservate ist erforderlich, da zum Zeitpunkt der Antragstellung nicht alle Aufgaben zu Schutz, Pflege und Entwicklung bereits eingeleitet oder gar erfüllt sein können; viele Maßnahmen bedürfen der Planung und Umsetzung.

Die Kriterien bauen auf dem "Action Plan for Biosphere Reserves" der UNESCO (1984), dem "Statutatory Framework of the World Network of Biosphere Reserves" (UNESCO 1995a), insbesondere auf der "Seville Strategy" der UNESCO (1995b) sowie auf weiteren Beschlüssen des ICC für das MAB-Programm auf und konkretisieren diese internationalen Vorgaben. Sie setzen den internationalen Auftrag zur Erarbeitung nationaler Kriterien um mit dem Ziel, ein Netz beispielhafter Landschaften in Deutschland aufzubauen. Zugleich sollen sie dazu beitragen, die Qualität dieser Biosphärenreservate zu sichern und weiterzuentwickeln. Die Kriterien stützen sich zum einen auf wissenschaftliche Erkenntnisse und fachliche Anforderungen, zum anderen basieren sie auf Erfahrungen, die in den Biosphärenreservaten in Deutschland bislang gesammelt wurden. Sie stehen in engem Bezug zu den "Leitlinien für Schutz, Pflege und Entwicklung der Biosphärenreservate in Deutschland" der Ständigen Arbeitsgruppe der Biosphärenreservate in Deutschland (AGBR 1995).

Da die Gestaltung der Biosphärenreservate ressortübergreifende Ziele erfordert und unterschiedliche Zuständigkeiten berührt, müssen die zuständigen Fachressorts des Bundes und der Länder mitwirken. Damit soll sichergestellt werden, daß die erforderlichen Maßnahmen zu Schutz, Pflege und Entwicklung von den Verantwortlichen getragen werden. Der Bund beteiligt seine betroffenen Ressorts, da es sich um ein internationales Regierungsprogramm handelt; die Länder beteiligen ihre Ressorts aufgrund ihrer Zuständigkeit für die Umsetzung. Länder- bzw. grenzüberschreitende Biosphärenreservate erfordern für die koordinierte Entwicklung des Gesamtgebietes eine enge Zusammenarbeit der beteiligten Verwaltungen.

Die Kriterien sollen den Ländern als Anleitung zur Erstellung von Anträgen dienen. Mit der Beantragung erklären die Länder ihre Bereitschaft, das Programm in den Biosphärenreservaten auszuführen. Mit der Anerkennung treten sie dem MAB-Programm bei und verpflichten sich zu dessen Umsetzung. Dies schließt auch eine spätere Überprüfung durch das MAB-Nationalkomitee ein. Die Länderarbeitsgemeinschaft Naturschutz, Landschaftspflege und Erholung (LANA), die bereits die Erarbeitung der Leitlinien für Schutz, Pflege und Entwicklung der Biosphärenreservate in Deutschland begleitete, hat anläßlich ihrer 67. Sitzung am 18./19. Januar 1996 in Ulm die "Kriterien für Anerkennung und Überprüfung von Biosphärenreservaten der UNESCO in Deutschland" zustimmend zur Kenntnis genommen.

2. VERFAHREN ZUR ANERKENNUNG

Vor Einleitung des Verfahrens zur Anerkennung eines Gebietes als Biosphärenreservat der UNESCO wird empfohlen, mit dem Deutschen Nationalkomitee für das UNESCO-Programm "Der Mensch und die Biosphäre" abzuschätzen, ob dieses Gebiet als Biosphärenreservat geeignet ist. Insbesondere sollen Fragen zur Repräsentativität und damit zur Ausgestaltung des Netzes geklärt werden. Das Deutsche MAB-Nationalkomitee mit seiner Geschäftsstelle ist bereit, die Erstellung des Antrages zu begleiten. Der Antrag auf Anerkennung umfaßt

- ▼ eine Beschreibung der zur Anerkennung als Biosphärenreservat vorgeschlagenen Landschaft auf der Grundlage der "Kriterien für Anerkennung und Überprüfung von Biosphärenreservaten der UNESCO in Deutschland",
- ▼ die in englischer bzw. französischer Sprache ausgefüllte "Nomination Form for Biosphere Reserves" der UNESCO (vgl. Kap. 7.3),
- ▼ Erläuterungen, Materialien, Karten und Tabellen als Anlage.

Der Antrag auf Anerkennung einer Landschaft als Biosphärenreservat ist von dem für Naturschutz und Landschaftspflege zuständigen Ministerium des Landes zu stellen. Um zu gewährleisten, daß im beantragten Biosphärenreservat künftig alle Schutz-, Pflege- und Entwicklungsziele im Konsens der Ressorts des Landes gemeinsam gestaltet und ausgefüllt werden, soll der Antrag mit allen betroffenen Landesressorts, ggf. durch Kabinettsbeschluß abgestimmt werden. Der Antrag ist in 30-facher Ausführung an den Vorsitzenden des Deutschen MAB-Nationalkomitees (Bundesministerium für Umwelt, Naturschutz und Reaktorsicherheit) zu richten.

Die Geschäftsstelle des Deutschen MAB-Nationalkomitees prüft den Antrag auf Richtigkeit und Vollständigkeit. Ist diese gegeben, folgt die fachliche Prüfung des Antrages durch das Deutsche MAB-Nationalkomitee anhand der Kriterien für Anerkennung und Überprüfung; grundsätzlich ist eine Bereisung des beantragten Gebietes vorgesehen. Das Deutsche MAB-Nationalkomitee beschließt mit Begründung über den Antrag und die Weiterleitung an das zuständige Bundesministerium für Umwelt, Naturschutz und Reaktorsicherheit.

Das Bundesministerium für Umwelt, Naturschutz und Reaktorsicherheit übermittelt – entsprechend den Regularien der UNESCO – fünf Exemplare der "Nomination Form for Biosphere Reserves" dem Generaldirektor der UNESCO. Gegebenenfalls kann die UNESCO zusätzliche Informationen vom Deutschen MAB-Nationalkomitee bzw. von dem antragstellenden Land erbitten.

Das für das MAB-Programm zuständige Entscheidungsgremium der UNESCO, der Internationale Koordinationsrat (ICC), entscheidet über die Bewerbung und schlägt dem Generaldirektor ggf. die Anerkennung vor. Bei negativem Votum wird der Antrag an das zuständige Landesministerium mit einer Begründung der Ablehnung zurückgeleitet. Mit der Anerkennung durch den Generaldirektor ist das vorgeschlagene Gebiet mit sofortiger Wirkung in den internationalen Verbund der Biosphärenreservate aufgenommen; auf nationaler Ebene ist das Biosphärenreservat zugleich mit sofortiger Wirkung Mitglied der Ständigen Arbeitsgruppe der Biosphärenreservate in Deutschland (AGBR). Der Generaldirektor übersendet die Urkunde dem Vorsitzenden des Nationalkomitees. Der Vorsitzende überreicht die Urkunde dem für das neu eingerichtete Biosphärenreservat zuständigen Minister des antragstellenden Landes.

3. ANWENDUNG DER KRITERIEN FÜR ANERKENNUNG UND ÜBERPRÜFUNG

Die Kriterien werden durch Erläuterungen inhaltlich kommentiert. Kriterien und Erläuterungen sind als Einheit zu verstehen. Der Kriterienkatalog setzt sich aus Ausschlußkriterien **(A)** und Bewertungskriterien (B) zusammen. Ausschlußkriterien sind im folgenden **fett (A)** wiedergegeben, Bewertungskriterien werden mit (B) gekennzeichnet.

Mit Hilfe der Ausschlußkriterien wird ermittelt, ob bei der Antragstellung die Voraussetzungen für die Anerkennung eines Biosphärenreservates vorliegen. Die Ausschlußkriterien sind präzise gefaßt, um eine rasche und eindeutige Entscheidung ohne weitere fachliche Prüfung fällen zu können. Nur Anträge, die **alle Ausschlußkriterien (A)** erfüllen, werden – wie im folgenden beschrieben – weiter behandelt.

Der überwiegende Teil der Kriterien dient als Prüfraster für die strukturellen und funktionalen Aspekte eines Biosphärenreservates. Sie erfordern eine differenzierte gutachterliche Bewertung. Folgendes Verfahren ist hierfür vorgesehen:

▼ Pro Bewertungskriterium (B) können **maximal 5 Punkte** vergeben werden. Die Bewertung beruht auf folgender Einstufung:

  1 Punkt: Die grundlegenden Voraussetzungen für die Anerkennung sind erfüllt;

  2 Punkte: Die grundlegenden Voraussetzungen für die Anerkennung sind erfüllt. Darüber hinaus liegen Konzepte für eine zielführende Entwicklung vor bzw. es sind erste Maßnahmen eingeleitet;

  3 Punkte: Vorrangige Maßnahmen sind bereits durchgeführt;

  4 Punkte: Vorrangige Maßnahmen sind bereits durchgeführt. Darüber hinaus sind weitere Maßnahmen eingeleitet;

  5 Punkte: Die umfassenden Aufgaben für Schutz, Pflege und Entwicklung sind vollständig erfüllt.

▼ Für die Anerkennung muß **in jeder Kriteriengruppe** (z.B. "Nachhaltige Nutzung und Entwicklung") ein **Schwellenwert von einem Fünftel** der möglichen Höchstpunktzahl erreicht werden. Dies garantiert, daß nur Gebiete anerkannt werden, die das gesamte Aufgabenspektrum von Biosphärenreservaten zumindest in Ansätzen abdecken.

▼ Die Entwicklung von Biosphärenreservaten soll **in zehnjährigem Turnus** anhand der vorliegenden Kriterien überprüft werden.

▼ Der erforderliche **Schwellenwert** erhöht sich bei der **ersten Überprüfung** des Biosphärenreservates auf etwa **die Hälfte** der möglichen Höchstpunktzahl, bei der **zweiten** auf **drei Viertel**.

Anhand des Erfüllungsgrades der Bewertungskriterien kann beurteilt werden, inwiefern ein Biosphärenreservat seinen umfassenden Aufgaben zu Schutz, Pflege und Entwicklung nachkommt. Das Bewertungsverfahren kann aufgrund der gewählten Skalierung nicht mechanisch angewendet werden, sondern soll vielmehr die Nachvollziehbarkeit der gutachterlichen Einschätzung gewährleisten.

4. KRITERIENKATALOG

Strukturelle Kriterien

Repräsentativität

(1) Das Biosphärenreservat muß Ökosystemkomplexe aufweisen, die von den Biosphärenreservaten in Deutschland bislang nicht ausreichend repräsentiert werden. (A)

Flächengröße

(2) Das Biosphärenreservat soll in der Regel mindestens 30.000 ha umfassen und nicht größer als 150.000 ha sein. Länderübergreifende Biosphärenreservate dürfen diese Gesamtfläche bei entsprechender Betreuung überschreiten. (A)

Zonierung

(3) Das Biosphärenreservat muß in Kern-, Pflege- und Entwicklungszone gegliedert sein. (A)

(4) Die Kernzone muß mindestens 3 % der Gesamtfläche einnehmen. (A)

(5) Die Pflegezone soll mindestens 10 % der Gesamtfläche einnehmen. (A)

(6) Kernzone und Pflegezone sollen zusammen mindestens 20 % der Gesamtfläche betragen. Die Kernzone soll von der Pflegezone umgeben sein. (A)

(7) Die Entwicklungszone soll mindestens 50 % der Gesamtfläche einnehmen; in marinen Gebieten gilt dies für die Landfläche. (A)

Rechtliche Sicherung

(8) Schutzzweck und Ziele für Pflege und Entwicklung des Biosphärenreservates als Ganzes und in den einzelnen Zonen sind durch Rechtsverordnung oder durch Programme und Pläne der Landes- und Regionalplanung sowie die Bauleit- und Landschaftsplanung zu sichern. Insgesamt muß der überwiegende Teil der Fläche rechtlich geschützt sein. Bereits ausgewiesene Schutzgebiete dürfen in ihrem Schutzstatus nicht verschlechtert werden. (B)

(9) **Die Kernzone muß als Nationalpark oder Naturschutzgebiet rechtlich geschützt sein. (A)**

(10) Die Pflegezone soll als Nationalpark oder Naturschutzgebiet rechtlich geschützt sein. Soweit dies noch nicht erreicht ist, ist eine entsprechende Unterschutzstellung anzustreben. (B)

(11) Schutzwürdige Bereiche in der Entwicklungszone sind durch Schutzgebietsausweisungen und die Instrumente der Bauleit- und Landschaftsplanung rechtlich zu sichern. (B)

Verwaltung und Organisation

(12) Eine leistungsfähige Verwaltung des Biosphärenreservates muß vorhanden sein bzw. innerhalb von drei Jahren aufgebaut werden. Sie muß mit Fach- und Verwaltungspersonal und Sachmitteln für die von ihr zu erfüllenden Aufgaben angemessen ausgestattet werden. Der Antrag muß eine Zusage zur Schaffung der haushaltsmäßigen Voraussetzungen enthalten. (A)

(13) Die Verwaltung des Biosphärenreservates ist der Höheren bzw. Oberen oder der Obersten Naturschutzbehörde zuzuordnen. Die Aufgaben der Biosphärenreservatsverwaltung und anderer bestehender Verwaltungen und sonstiger Träger sind zu klären und arbeitsteilig abzustimmen. (B)

(14) Die hauptamtliche Gebietsbetreuung ist sicherzustellen. (B)

(15) Die ansässige Bevölkerung ist in die Gestaltung des Biosphärenreservates als ihrem Lebens-, Wirtschafts- und Erholungsraum einzubeziehen. Geeignete Formen der Bürgerbeteiligung sind nachzuweisen. (B)

(16) Für teilweise oder vollständig delegierbare Aufgaben sind geeignete Strukturen und Organisationsformen zu entwickeln, die gemeinnützig oder privatwirtschaftlich ausgerichtet sind. (B)

Planung

(17) Innerhalb von drei Jahren nach Anerkennung des Biosphärenreservates durch die UNESCO muß ein abgestimmtes Rahmenkonzept erstellt werden. Der Antrag muß eine Zusage zur Schaffung der haushaltsmäßigen Voraussetzungen enthalten. (A)

(18) Pflege- und Entwicklungspläne, zumindest für besonders schutz- bzw. pflegebedürftige Bereiche der Pflege- und der Entwicklungszone, sollen innerhalb von fünf Jahren auf der Grundlage des Rahmenkonzeptes erarbeitet werden. (B)

(19) Die Ziele des Biosphärenreservates bzw. das Rahmenkonzept sollen zum frühestmöglichen Zeitpunkt in die Landes- und Regionalplanung integriert sowie in der Landschafts- und Bauleitplanung umgesetzt werden. (B)

(20) Die Ziele zu Schutz, Pflege und Entwicklung des Biosphärenreservates sollen bei der Fortschreibung anderer Fachplanungen berücksichtigt werden. (B)

Funktionale Kriterien

Nachhaltige Nutzung und Entwicklung

(21) Gestützt auf die regionalen und interregionalen Voraussetzungen und Möglichkeiten sind in allen Wirtschaftsbereichen nachhaltige Nutzungen und die tragfähige Entwicklung des Biosphärenreservates und seiner umgebenden Region zu fördern. Administrative, planerische und finanzielle Maßnahmen sind aufzuzeigen und zu benennen. (B)

(22) Im primären Wirtschaftssektor sind dauerhaft-umweltgerechte Landnutzungsweisen zu entwickeln. Die Landnutzung hat insbesondere die Zonierung des Biosphärenreservates zu berücksichtigen. (B)

(23) Im sekundären Wirtschaftssektor (Handwerk, Industrie) sind insbesondere Energieverbrauch, Rohstoffeinsatz und Abfallwirtschaft am Leitbild einer dauerhaft-umweltgerechten Entwicklung zu orientieren. (B)

(24) Der tertiäre Wirtschaftssektor (Dienstleistungen u.a. in Handel, Transportwesen und Fremdenverkehr) soll dem Leitbild einer dauerhaft-umweltgerechten Entwicklung folgen. (B)

Naturhaushalt und Landschaftspflege

(25) Ziele, Konzepte und Maßnahmen zu Schutz, Pflege und Entwicklung von Ökosystemen und Ökosystemkomplexen sowie zur Regeneration beeinträchtigter Bereiche sind darzulegen bzw. durchzuführen. (B)

(26) Lebensgemeinschaften der Pflanzen und Tiere sind mit ihren Standortverhältnissen unter Berücksichtigung von Arten und Biotopen der Roten Listen zu erfassen. Maßnahmen zur Bewahrung naturraumtypischer Arten und zur Entwicklung von Lebensräumen sind darzulegen und durchzuführen. (B)

(27) Bei Eingriffen in Naturhaushalt und Landschaftsbild sowie bei Ausgleichs- und Ersatzmaßnahmen müssen regionale Leitbilder, Umweltqualitätsziele und -standards angemessen berücksichtigt werden. (B)

Biodiversität

(28) Wichtige Vorkommen pflanzen- und tiergenetischer Ressourcen sind zu benennen und zu beschreiben; geeignete Maßnahmen zu ihrer Erhaltung am Ort ihres Vorkommens sind zu konzipieren und durchzuführen. (B)

Forschung

(29) Im Biosphärenreservat ist angewandte, umsetzungsorientierte Forschung durchzuführen. Das Biosphärenreservat muß die Datenbasis für die Forschung auf der Grundlage des Ökosystemtypenschlüssels der AG CIR (1995) vorgeben. Schwerpunkte und Finanzierung der Forschungsmaßnahmen sind im Antrag auf Anerkennung und im Rahmenkonzept nachzuweisen. (B)

(30) Die für das Biosphärenreservat relevante Forschung Dritter soll durch die Verwaltung des Biosphärenreservates koordiniert, abgestimmt und dokumentiert werden. (B)

Ökologische Umweltbeobachtung

(31) Die personellen, technischen und finanziellen Voraussetzungen zur Durchführung der Ökologischen Umweltbeobachtung im Biosphärenreservat sind nachzuweisen. (B)

(32) Die Ökologische Umweltbeobachtung im Biosphärenreservat ist mit dem Gesamtansatz der Umweltbeobachtung in den Biosphärenreservaten in Deutschland, den Programmen und Konzepten der EU, des Bundes und der Länder zur Umweltbeobachtung sowie mit den bestehenden Routinemeßprogrammen des Bundes und der Länder abzustimmen. (B)

(33) Die Verwaltung des Biosphärenreservates muß die im Rahmen des MAB-Programms zu erhebenden Daten für den Aufbau und den Betrieb nationaler und internationaler Monitoringsysteme den vom Bund und den Ländern zu benennenden Einrichtungen unentgeltlich zur Verfügung stellen. (B)

Umweltbildung

(34) Inhalte der Umweltbildung sind im Rahmenkonzept unter Berücksichtigung der spezifischen Strukturen des Biosphärenreservates auszuarbeiten und im Biosphärenreservat umzusetzen. Maßnahmen zur Umweltbildung sind als eine der zentralen Aufgaben der Verwaltung bereits im Antrag nachzuweisen. (B)

(35) Jedes Biosphärenreservat muß über mindestens ein Informationszentrum verfügen, das hauptamtlich und ganzjährig betreut wird. Das Informationszentrum soll durch dezentrale Informationsstellen ergänzt werden. (B)

(36) Mit bestehenden Institutionen und Bildungsträgern ist eine enge Zusammenarbeit anzustreben. (B)

Öffentlichkeitsarbeit und Kommunikation

(37) Das Biosphärenreservat muß auf der Grundlage eines Konzeptes zielorientierte Öffentlichkeitsarbeit betreiben. (B)

(38) Im Rahmen der Öffentlichkeitsarbeit eines Biosphärenreservates sind neben Verbrauchern insbesondere Erzeuger und Hersteller von Produkten für eine wirtschaftlich tragfähige und nachhaltige Entwicklung zu gewinnen. (B)

(39) Zur Förderung der Kommunikation der Nutzer und zum Interessensausgleich sollen Berater ("Mediatoren") eingesetzt werden. (B)

5. ERLÄUTERUNGEN

Die UNESCO definierte im Jahre 1974 "Criteria and Guidelines for the Choice and Establishment of Biosphere Reserves" (UNESCO 1974), womit wesentliche Merkmale, Aufgaben und Auswahlkriterien von Biosphärenreservaten dargelegt wurden. Die Auswahlkriterien wurden im Rahmen des "Action Plan for Biosphere Reserves" (UNESCO 1984) überarbeitet und weiter konkretisiert. Mit der "Seville Strategy" hat die UNESCO (1995b) den "Action Plan for Biosphere Reserves" fortgeschrieben und aktualisiert. Die drei genannten Dokumente der UNESCO bilden den Rahmen für die folgenden Kriterien.

Strukturelle Kriterien

Anhand struktureller Kriterien wird geprüft, ob das vom Land zur Anerkennung als Biosphärenreservat vorgeschlagene Gebiet den internationalen Rahmenrichtlinien entspricht. Die im folgenden erläuterten Kriterien sind grundlegende Voraussetzungen für Schutz, Pflege und Entwicklung eines Biosphärenreservates in Deutschland und müssen bei der Antragstellung erfüllt sein **(A)** bzw. kurz- und mittelfristig erfüllt werden (B).

Repräsentativität

(1) Das Biosphärenreservat muß Ökosystemkomplexe aufweisen, die von den Biosphärenreservaten in Deutschland bislang nicht ausreichend repräsentiert werden. (A)

> Zweck des internationalen Biosphärenreservatnetzes ist die systematische Erfassung aller biogeographischen Räume der Erde. Einbezogen werden sollen repräsentative Gebiete aller biogeographischen Regionen der Erde – einschließlich Tide- und Meeresbiotopen in Küstenregionen –, einmal in ihrem ursprünglichen Zustand und zum anderen mit den vom Menschen ausgelösten Veränderungen unterschiedlichen Ausmaßes (UNESCO 1984, S.12f.).

Biosphärenreservate repräsentieren großflächige Ausschnitte von Natur- und Kulturlandschaften. In ihnen werden – gemeinsam mit den hier lebenden und wirtschaftenden Menschen – beispielhafte Konzepte zu Schutz, Pflege und Entwicklung erarbeitet und umgesetzt. Ein verantwortlicher Umgang des Menschen mit seiner Umwelt setzt dabei gesicherte Kenntnisse über Belastung und Belastbarkeit der natürlichen Ressourcen voraus. Daten, wie sie Forschung und Ökologische Umweltbeobachtung in Biosphärenreservaten liefern sollen, müssen richtig und präzise sowie räumlich repräsentativ sein. Nur wenn diese Forderungen gemeinsam erfüllt sind, ist eine begründete Extrapolation der Ergebnisse auf größere Gebiete (außerhalb der Biosphärenreservate) möglich (vgl. auch Schröder et al. 1991).

Der Auswahl von Biosphärenreservaten als Bestandteil eines weltweiten Netzes kommt besondere Bedeutung zu; der Grad ihrer Repräsentanz muß im Vergleich zu allen Teilräumen eines Mitgliedsstaates des MAB-Programms oder Kontinentes möglichst reproduzierbar festgestellt werden. Repräsentativität bezieht sich in diesem Sinne sowohl auf das natürliche System als auch auf das sozioökonomische System und die Landnutzung (vgl. Abb. 2). Gemäß dem interdisziplinären Ansatz des MAB-Programms sind bei der Auswahl von Biosphärenreservaten neben natürlichen in gleicher Weise auch anthropogene Faktoren zu berücksichtigen.

Der Grad der Repräsentativität kann mit Hilfe geostatistischer Verfahren reproduzierbar bestimmt werden. Dabei ist zu beachten, daß die Ergebnisse derartiger Analysen ebenso von den gewählten Methoden wie der Aussagekraft der zugrunde gelegten Primärinformation abhängen. Praktikabilitätserwägungen sowie umfangreiche Erfahrungen aus Untersuchungen zur Auswahl von Hauptforschungsräumen für die vergleichende Ökosystemforschung, der Waldschadensforschung und Ökotoxikologie lassen die "Tree-Analyse" (Fränzle et al. 1987) sowie die Prozeduren MUNAR (Vetter 1989) und CHAID (Schröder 1989) als besonders geeignet erscheinen. Die hiermit jeweils erzielten Ergebnisse fallen aber notwendigerweise verfahrensabhängig unterschiedlich aus. Eine Bewertung dieser voneinander differierenden Befunde muß pragmatisch erfolgen und sich auch auf soziokulturelle, juristische und ökonomische Kriterien stützen. Andere Verfahren zur Auswahl repräsentativer Landschaften beziehen sich auf das System der naturräumlichen Gliederung (Ssymank 1994; vgl. auch Meynen/Schmithüsen 1959-62).

zu (1) Landschaften setzen sich aus einem Mosaik von Ökosystemen zusammen, die durch das Zusammenwirken abiotischer und biotischer Umweltbestandteile sowie aktueller und historischer Nutzungseinflüsse definiert werden. Von naturnahen zu anthropogenen Ökosystemen verläuft ein Kulturgradient von relativ autonomen Ökosystemen mit hoher Selbstregulationsfähigkeit zu offenen, spezialisierten und unselbständigen Ökosystemen mit weitestgehender anthropogener Steuerung. Die Kulturlandschaft setzt sich aus Ökosystemen entlang dieses Nutzungs- bzw. Kulturgradienten zusammen. Die Landnutzung ist dabei die Schnittstelle zwischen dem natürlichen und dem sozioökonomischen System und bildet diese in der Landschaft ab (Kerner et al. 1991; vgl. Abb. 1).

Aus pragmatischen Gründen wird daher zur Bestimmung der Repräsentativität die Systematik der Biotoptypen- und Nutzungstypenkartierung im Maßstab 1:10.000 der Arbeitsgemeinschaft Naturschutz der Landesämter, Landesanstalten und Landesumweltämter, Arbeitskreis CIR-Bildflug (AG CIR 1995) herangezogen. Die Kulturlandschaft setzt sich aus Ökosystemen unterschiedlicher Nutzungsart und -intensität zusammen. Diese rufen bestimmte Oberflächengestalten hervor, anhand derer sie sich im Luftbild voneinander unterscheiden lassen. Der hierarchisch gegliederte Schlüssel der AG CIR wurde bereits als verbindliche Datenbasis für die Inventarisierung der aktuellen Landnutzung der Biosphärenreservate in Deutschland eingeführt. Die Leitlinien für Schutz, Pflege und Entwicklung der Biosphärenreservate in Deutschland vermitteln einen Überblick über die derzeit repräsentierten Ökosystemtypen und geben Hinweise auf Lücken im Netz der Biosphärenreservate in Deutschland (vgl. AGBR 1995, S.47ff.).

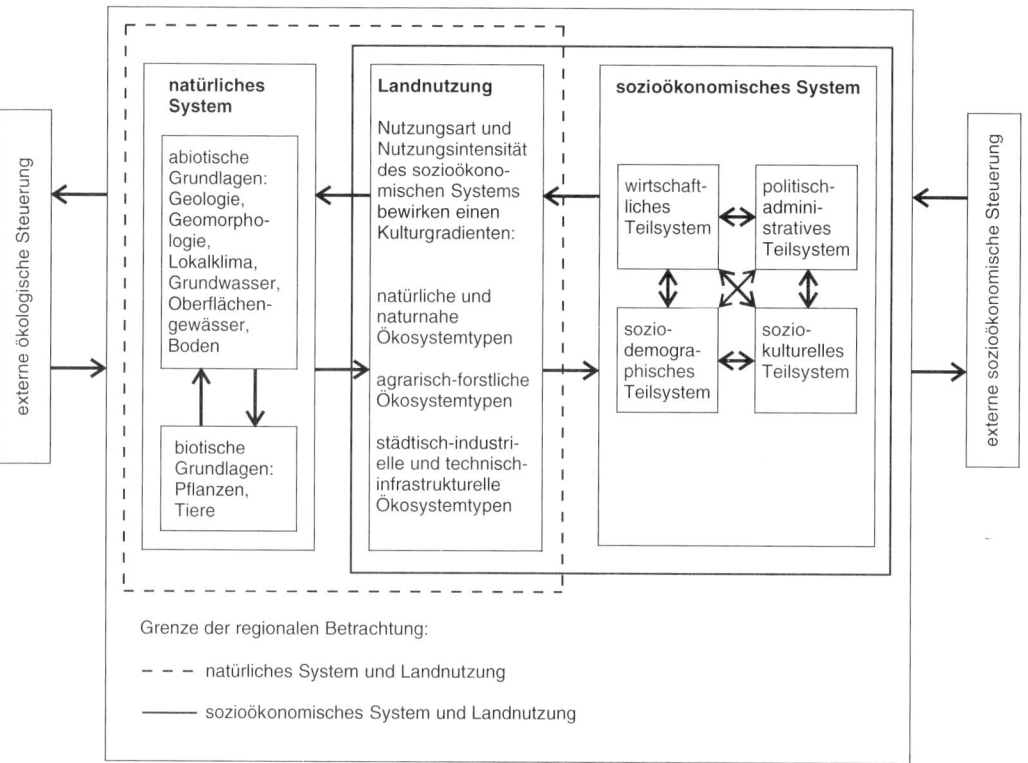

Abb. 1: Schema eines regionalen Mensch-Umwelt-Systems (nach Messerli 1986)

Flächengröße

(2) Das Biosphärenreservat soll in der Regel mindestens 30.000 ha umfassen und nicht größer als 150.000 ha sein. Länderübergreifende Biosphärenreservate dürfen diese Gesamtfläche bei entsprechender Betreuung überschreiten. (A)

> Jedes Biosphärenreservat muß groß genug sein, um als geschlossene Einheit für eine wirksame Erhaltung dienen zu können und sich als Festpunkt für die Messung langfristiger Veränderungen in der Biosphäre zu eignen (UNESCO 1984, S.12). Erhebliche Unterschiede bestehen zwischen einzelnen Arten hinsichtlich ihrer räumlichen Ansprüche sowie der Größe ihrer Population, die aus genetischer Sicht lebensfähig ist und das gesamte genetische Potential bewahren kann. In gleicher Weise ist die Größe eines Biosphärenreservates auch eine entscheidende Voraussetzung, um als Modell einer nachhaltigen Entwicklung zu dienen. Beide Überlegungen spielen bei der Auswahl der Biosphärenreservate (in punkto Größe, Form und Heterogenität innerhalb des Gebietes) eine wichtige Rolle (UNESCO 1984, S.12 und 18).

zu (2) Biosphärenreservate dürfen eine bestimmte Größe nicht unterschreiten, um die Vielfalt naturraumtypischer Ökosysteme und der darin lebenden Tier- und Pflanzenarten erfassen zu können. Eine bestimmte Mindestgröße ist zudem erforderlich, damit das Biosphärenreservat als Lebens-, Wirtschafts- und Erholungsraum der Bevölkerung weiterentwickelt werden kann. Nach den in Deutschland vorliegenden Erfahrungen soll ein Biosphärenreservat in der Regel eine Fläche von mindestens 30.000 ha umfassen. Zudem zeigen diese Erfahrungen, daß ein Biosphärenreservat wegen der hohen Diversität der mitteleuropäischen Kulturlandschaft und des damit verbundenen personellen und finanziellen Aufwandes für seine Verwaltung und Betreuung in der Regel nicht größer als 150.000 ha sein soll. Länderübergreifende Biosphärenreservate können diese Obergrenze überschreiten, wenn die beteiligten Länder eigene Verwaltungen unterhalten, die das Biosphärenreservat gemeinsam betreuen. Die Flächenangaben beziehen sich auf den ganzzeitig festländischen Teil unter Einschluß limnischer Bereiche.

Ein Biosphärenreservat muß weiterhin ein in sich geschlossenes Gebiet darstellen. Zur Abgrenzung ist ein systemarer Ansatz heranzuziehen; d.h. die äußeren Grenzen von Biosphärenreservaten sollen anhand funktional begründeter Raumeinheiten gezogen werden. Dabei sollen natürliche Raumeinheiten wie Naturräume, Artenareale oder Wassereinzugsgebiete ebenso berücksichtigt werden wie sozioökonomische Räume und Verwaltungseinheiten. Größe und Form eines Biosphärenreservates sollen gewährleisten, daß möglichst alle naturraumtypischen Ökosysteme der Natur- und Kulturlandschaft mehrmals vertreten sind (vgl. Kriterium 1).

Die Dimensionierung eines Biosphärenreservates muß an den natürlichen wie sozioökonomischen Gegebenheiten und damit sowohl am Betreuungsaufwand als auch an den Betreuungskapazitäten ausgerichtet werden. Biosphärenreservate sollen flächendeckend betreut werden können, da in ihnen – gemeinsam mit den hier lebenden und wirtschaftenden Menschen – beispielhafte Konzepte zu Schutz, Pflege und Entwicklung zu erarbeiten und umzusetzen sind. Dies erfordert z.T. einen großen Betreuungsaufwand, etwa für Modellprojekte und Ökologische Umweltbeobachtung, um plausible und valide Ergebnisse zu erhalten, die auf andere Gebiete übertragbar sind (vgl. Kriterien 12–16). Der Arbeitsaufwand hängt von der Komplexität der zu bewältigenden Aufgaben ab und nimmt insbesondere mit Bevölkerungszahl und -dichte sowie Nutzungsart und -intensität (u.a. Zahl und Dichte der Erholungssuchenden) zu.

Zonierung

(3) Das Biosphärenreservat muß in Kern-, Pflege- und Entwicklungszone gegliedert sein. (A)

(4) Die Kernzone muß mindestens 3 % der Gesamtfläche einnehmen. (A)

(5) Die Pflegezone soll mindestens 10 % der Gesamtfläche einnehmen. (A)

(6) Kernzone und Pflegezone sollen zusammen mindestens 20 % der Gesamtfläche betragen. Die Kernzone soll von der Pflegezone umgeben sein. (A)

(7) Die Entwicklungszone soll mindestens 50 % der Gesamtfläche einnehmen; in marinen Gebieten gilt dies für die Landfläche. (A)

Ziele und Aufgaben der Bioshärenreservate erfordern eine räumliche Gliederung. Nach dem Einfluß menschlicher Tätigkeit werden Zonen mit unterschiedlichen Aufgabenbereichen festgelegt: Kernzone (core area), Pflegezone (buffer zone) und Entwicklungszone (transition area). Letztere kann ggf. eine Regenerationszone (regeneration zone) enthalten (UNESCO 1972 und 1974).

---

zu (3) Die unterschiedlichen Aufgaben von Biosphärenreservaten erfordern eine räumliche Zonierung des Gesamtgebietes. Biosphärenreservate gliedern sich abgestuft nach dem Einfluß menschlicher Tätigkeit in eine Kernzone, eine Pflegezone und eine Entwicklungszone, die gegebenenfalls eine Regenerationszone enthalten kann. Mit der Zonierung ist keine Rangfolge der Wertigkeit verbunden; jede Zone hat eigenständige Aufgaben zu erfüllen, die in ihren Bezeichnungen zum Ausdruck kommen (AGBR 1995). Die Flächenanteile der Zonen können sich aufgrund der Differenziertheit mitteleuropäischer Kulturlandschaften in einzelnen Biosphärenreservaten stark unterscheiden; die einzelnen Zonen müssen jedoch bestimmte Mindestgrößen aufweisen, die auf Erfahrungswerten der Biosphärenreservate in Deutschland beruhen (vgl. Strunz 1993).

Bei der Dimensionierung der Zonen ist zu berücksichtigen, daß unter den gegenwärtigen agrarstrukturellen Rahmenbedingungen künftig weitere, derzeit landwirtschaftlich genutzte Flächen brachfallen dürften und in Sukzession übergehen werden. Weder ökologisch noch finanziell ist es sinnvoll, diese Flächen in ihrer Gesamtheit durch Landschaftspflege in ihrer heutigen Struktur zu erhalten (Mayerl 1990). Teilbereiche dieser Sukzessionsflächen können Teil der Kernzone mit einer ungestörten natürlichen Entwicklung werden. Die Fläche der Kernzone könnte auf diese Weise künftig auf Kosten der Pflege- und der Entwicklungszone erheblich zunehmen. Künftig kann es deshalb notwendig werden, die Zonierung eines Biosphärenreservates den veränderten Bedingungen anzupassen.

zu (4) Jedes Biosphärenreservat besitzt eine Kernzone (core area), in der sich die Natur vom Menschen möglichst unbeeinflußt entwickeln kann. Ziel ist, menschliche Nutzung aus der Kernzone auszuschließen. Die Kernzone muß groß genug sein, um die Dynamik ökosystemarer Prozesse zu ermöglichen. Sie kann aus mehreren Teilflächen bestehen, die in sich ökologisch funktionsfähig sein müssen (z.B. Wattstrom- oder Wassereinzugsgebiete). Erfahrungswerte zeigen, daß die Kernzone mindestens 3 % der Gesamtfläche eines Biosphärenreservates – unabhängig von politischen Grenzen – einnehmen muß. Der Schutz natürlicher bzw. naturnaher Ökosysteme genießt höchste Priorität. Forschungsaktivitäten und Erhebungen zur Ökologischen Umweltbeobachtung müssen Störungen der Ökosysteme vermeiden.

zu (5) Die Pflegezone (buffer zone) dient der Erhaltung und Pflege von Ökosystemen, die durch menschliche Nutzung entstanden sind. Die Pflegezone soll die Kernzone z.B. durch Management in ihren Aufgaben unterstützen. Ziel ist vor allem, Kulturlandschaften zu erhalten, die sich überwiegend aus halbnatürlichen Ökosystemen zusammensetzen und ein breites Spektrum verschiedener Lebensräume für eine Vielzahl naturraumtypischer – auch bedrohter – Tier- und Pflanzenarten umfassen. Dies soll vor allem durch angepaßte Nutzung erreicht werden. Erholung und Maßnahmen zur Umweltbildung sind an den Aufgaben der Pflegezone auszurichten. In der Pflegezone werden Strukturen und Funktionen der Ökosysteme und des Naturhaushaltes untersucht sowie die Ökologische Umweltbeobachtung durchgeführt. Da Biosphärenreservate im allgemeinen größere Bereiche verschiedener nutzungsabhängiger Ökosysteme aufweisen, soll die Pflegezone mindestens 10 % der Gesamtfläche eines Biosphärenreservates – unabhängig von politischen Grenzen – umfassen.

zu (6) In der mitteleuropäischen Kulturlandschaft sollten – regionalspezifisch differenziert – im Durchschnitt etwa 10 % der Landesfläche aus der intensiven Nutzung genommen und zu naturbetonten Ökosystemen entwickelt werden (Haber 1979; Mayerl 1990; SRU 1987; SRU 1994). Da Biosphärenreservate Schutz und Pflege von Natur- und Kulturlandschaften in besonderem Maße verpflichtet sind, sollen Kern- und Pflegezone zusammen mindestens 20 % der Fläche eines Biosphärenreservates – unabhängig von politischen Grenzen – einnehmen. Der Schwerpunkt von Schutz und Pflege soll dabei über die geforderten 3 % Kernzone und 10 % Pflegezone hinaus (vgl. Kriterien 4 und 5) je nach den Voraussetzungen und Rahmenbedingungen des Biosphärenreservates gewählt werden.

Die Pflegezone soll die Kernzone umgeben, um sie als Puffer vor Beeinträchtigungen abzuschirmen und um die ungestörte Entwicklung der natürlichen und naturnahen Ökosysteme in der Kernzone (z.B. durch Management in der Pflegezone) zu unterstützen. Ausnahmen von dieser Regel können insbesondere bei grenzüberschreitenden und marinen Biosphärenreservaten sinnvoll sein, sind aber zu begründen.

zu (7) Die Entwicklungszone (transition area) schließt als Lebens-, Wirtschafts- und Erholungsraum der Bevölkerung Siedlungsbereiche ausdrücklich mit ein. Hier prägen insbesondere nachhaltige Nutzungen das naturraumtypische Landschaftsbild. Schutz, Pflege und Entwicklung der Kulturlandschaft erfordern es, daß die Entwicklungszone mehr als 50 % der Gesamtfläche des Biosphärenreservates – unabhängig von politischen Grenzen – einnimmt. In marinen Gebieten gilt dies für die Landfläche.

In der Entwicklungszone liegen die größten Möglichkeiten für die Erzeugung und Vermarktung umweltfreundlicher Produkte sowie für die Entwicklung einer umwelt- und sozialverträglichen Erholungsnutzung; diese tragen zu einer dauerhaft-umweltgerechten Entwicklung ("sustainable development") bei. Ziel ist die Entwicklung einer Wirtschaftsweise, die den Ansprüchen von Mensch und Natur gleichermaßen gerecht wird. Zur Wahrung der regionalen Identität sind bei der Gestaltung der Entwicklungszone die landschaftstypischen Siedlungs- und Landnutzungsformen angemessen zu berücksichtigen.

In der Entwicklungszone werden vorrangig Mensch-Umwelt-Beziehungen untersucht, die sich von großräumigen Betrachtungen (z.B. interregionale Verflechtungen) bis zu eher kleinräumigen Untersuchungen (z.B. innerhalb von Kommunen) erstrecken. Zugleich werden Struktur und Funktion sowie die Leistungsfähigkeit von Ökosystemen und des Naturhaushaltes erforscht sowie Ökologische Umweltbeobachtung und Maßnahmen zur Umweltbildung durchgeführt.

Schwerwiegend beeinträchtigte Gebiete (z.B. geschädigte Wälder oder degradierte Moore) können innerhalb der Entwicklungszone als Regenerationszone aufgenommen werden. In diesen Bereichen sind vor allem Maßnahmen zur Behebung von Landschaftsschäden durchzuführen (AGBR 1995).

Rechtliche Sicherung

(8) Schutzzweck und Ziele für Pflege und Entwicklung des Biosphärenreservates als Ganzes und in den einzelnen Zonen sind durch Rechtsverordnung oder durch Programme und Pläne der Landes- und Regionalplanung sowie die Bauleit- und Landschaftsplanung zu sichern. Insgesamt muß der überwiegende Teil der Fläche rechtlich geschützt sein. Bereits ausgewiesene Schutzgebiete dürfen in ihrem Schutzstatus nicht verschlechtert werden. (B)

(9) Die Kernzone muß als Nationalpark oder Naturschutzgebiet rechtlich geschützt sein. (A)

(10) Die Pflegezone soll als Nationalpark oder Naturschutzgebiet rechtlich geschützt sein. Soweit dies noch nicht erreicht ist, ist eine entsprechende Unterschutzstellung anzustreben. (B)

(11) Schutzwürdige Bereiche in der Entwicklungszone sind durch Schutzgebietsausweisungen und die Instrumente der Bauleit- und Landschaftsplanung rechtlich zu sichern. (B)

Biosphärenreservate sind geschützte Flächen auf dem Lande oder an der Küste unter Einschluß limnischer bzw. mariner Ökosysteme, die als fester Bestandteil in bereits vorhandene nationale Schutzstrategien integriert werden sollen. Zur Schaffung eines soliden Fundamentes für Schutz und Bewirtschaftung von Biosphärenreservaten werden die Regierungen und die mit der Verwaltung beauftragten Verantwortlichen aufgefordert, die für einzelne Biosphärenreservate geltenden Rechtsverordnungen zu überprüfen und gegebenenfalls Gesetzesänderungen zu veranlassen (UNESCO 1984, S.18).

Der langfristige Schutz der Biosphärenreservate sollte durch Gesetze und Rechtsvorschriften oder einen direkt auf das Biosphärenreservat bzw. seine einzelnen Verwaltungseinheiten und Grundeigentumsverhältnisse anwendbaren Verwaltungsrahmen garantiert werden. In vielen Ländern eignet sich der normalerweise für Nationalparks, ökologische Forschungsgebiete und andere geschützte Bereiche vorgesehene gesetzliche und administrative Schutz gleichzeitig auch für Biosphärenreservate. Falls ein solcher gesetzlicher und administrativer Schutz noch nicht vorhanden ist, soll er insbesondere für das zur Debatte stehende Gebiet geschaffen werden, noch bevor dieses als Biosphärenreservat ausgewiesen wird (UNESCO 1984, S.15).

Damit Biosphärenreservate – vorbehaltlich einer noch zu erlassenden bundeseinheitlichen rechtlichen Regelung – die ihnen zugeschriebenen Aufgaben erfüllen können, sind verschiedene Rechtsinstrumente einzusetzen. Zum Schutz des Naturhaushaltes, der unterschiedlichen ökologischen Funktionen und zur Flächensicherung sind – je nach Schutz-, Pflege- und Entwicklungsziel einzelner Bestandteile eines Biosphärenreservates – die entsprechenden Schutzkategorien aus dem Bundesnaturschutzgesetz heranzuziehen. Darüber hinaus kann mit Hilfe planungsrechtlicher Regelungen eine rechtliche Sicherung von Teilflächen eines Biosphärenreservates bewirkt werden.

Rechtliche Regelungen zu Biosphärenreservaten wurden bislang im Rahmen der Naturschutzgesetzgebung der Länder Brandenburg, Sachsen, Sachsen-Anhalt und Thüringen erlassen. Hier werden Biosphärenreservate als Schutzgebietskategorie verstanden. In den anderen Ländern sind die Überlegungen hierzu noch nicht abgeschlossen (AGBR 1995).

zu (8) Die Einrichtung und Entwicklung eines Biosphärenreservates setzt eine rechtliche Sicherstellung bestimmter Teilflächen voraus. In Anlehnung an die UNESCO (1984) ist es erforderlich, den überwiegenden Teil der Fläche eines Biosphärenreservates rechtlich zu schützen. Bereits ausgewiesene Schutzgebiete dürfen in ihrem Schutzstatus nicht verschlechtert werden (Beschluß anläßlich der 64. LANA-Sitzung am 8./9. September 1994 in Schwerin und der 12. Sitzung der Ständigen Arbeitsgruppe der Biosphärenreservate in Deutschland vom 20.-22. September 1994 in Burg/Spreewald).

Unbeschadet einzelner naturschutz- und planungsrechtlicher Regelungen müssen Schutzzweck sowie Ziele für Pflege und Entwicklung des Biosphärenreservates – als Ganzes und differenziert nach dessen Zonen – eindeutig definiert und rechtlich gesichert werden. Dies soll in einer spezifischen Verordnung für das Biosphärenreservat oder nach den Bestimmungen des Bundesnaturschutzgesetzes zum Flächenschutz erfolgen und in den Programmen und Plänen der Landes- und Regionalplanung sowie der kommunalen Bauleit- und Landschaftsplanung umgesetzt werden. Schutz, Pflege und Entwicklung des Biosphärenreservates können jedoch nicht ausschließlich über dessen rechtliche und planerische Sicherung gewährleistet werden. In Ergänzung sind daher weitere Instrumentarien (z.B. Förderprogramme, Umweltbildung, Wasserrecht, Gestaltungssatzungen) einzusetzen.

zu (9) Ziel ist, menschliche Nutzung aus der Kernzone auszuschließen. Der Schutz natürlicher bzw. naturnaher Ökosysteme genießt hier höchste Priorität (AGBR 1995). Die Kernzone muß demnach als Naturschutzgebiet ohne wirtschaftliche Nutzung ("Totalreservat") oder als Nationalpark festgesetzt sein. Die Kernzone sollte grundsätzlich im Eigentum oder Besitz der öffentlichen Hand sein.

zu (10) Die Pflegezone soll als Nationalpark oder Naturschutzgebiet rechtlich geschützt sein. Soweit dies noch nicht erreicht ist, ist eine entsprechende Unterschutzstellung anzustreben. In der Pflegezone ist es das Ziel, vor allem historisch gewachsene Kulturlandschaften zu erhalten, die ein breites Spektrum verschiedener Lebensräume für eine Vielzahl naturraumtypischer Tier- und Pflanzenarten umfassen, soweit durch bestehende Schutzgebietsverordnungen oder Gesetze nichts anderes bestimmt wurde. Dies soll vor allem durch naturverträgliche Nutzungsweisen erreicht werden. Erholung und Maßnahmen zur Umweltbildung sind daran auszurichten. Mit den Besitzern sind verträgliche Regelungen über Nutzung bzw. Pflege dieser Flächen zu treffen.

zu (11) Schutzwürdige Bereiche in der Entwicklungszone sind durch Schutzgebietsausweisungen und die Instrumente der Bauleit- und Landschaftsplanung rechtlich zu sichern. Dies bedeutet, daß alle schutzwürdigen Bereiche der Entwicklungszone mit den Kategorien des Bundesnaturschutzgesetzes rechtlich geschützt werden sollen (vgl. Kriterium 8). Die Entwicklungszone eines Biosphärenreservates muß mit Instrumenten der Landes- und Regionalplanung (Raumordnungsprogramm, Raumordnungs- bzw. Regionalpläne) geschaffen und mit den Instrumenten der Bauleit- und Landschaftsplanung (Flächennutzungsplan, Landschaftsplan, Bebauungsplan, Grünordnungsplan nach Baugesetzbuch bzw. Landesnaturschutzgesetz) durch die Kommunen rechtlich gesichert werden.

Der rechtliche Einfluß auf die Nutzung des Biosphärenreservates ist in der Entwicklungszone geringer als in Kern- und Pflegezone. Es sind daher insbesondere auch andere Instrumente wie Förderprogramme, Umweltbildung, Wasserrecht und Gestaltungssatzungen einzusetzen, um gemeinsam mit den hier lebenden und wirtschaftenden Menschen nachhaltige Nutzungen zu erhalten und zu entwickeln (vgl. Kriterien 21–24). Die Entwicklungszone ist Lebens-, Wirtschafts- und Erholungsraum der Bevölkerung. Ziel ist eine dauerhaft-umweltgerechte Entwicklung, die den Ansprüchen des Menschen gerecht wird und gleichzeitig Natur und Umwelt schont. Schutz- bzw. pflegebedürftige Flächen sind auch hier durch standortverträgliche Nutzung zu erhalten. Privater Grundbesitz ist die Grundlage der Landnutzung, private Bewirtschaftungsinitiativen sind zu fördern.

Verwaltung und Organisation

(12) Eine leistungsfähige Verwaltung des Biosphärenreservates muß vorhanden sein bzw. innerhalb von drei Jahren aufgebaut werden. Sie muß mit Fach- und Verwaltungspersonal und Sachmitteln für die von ihr zu erfüllenden Aufgaben angemessen ausgestattet werden. Der Antrag muß eine Zusage zur Schaffung der haushaltsmäßigen Voraussetzungen enthalten. (A)

(13) Die Verwaltung des Biosphärenreservates ist der Höheren bzw. Oberen oder der Obersten Naturschutzbehörde zuzuordnen. Die Aufgaben der Biosphärenreservatsverwaltung und anderer bestehender Verwaltungen und sonstiger Träger sind zu klären und arbeitsteilig abzustimmen. (B)

(14) Die hauptamtliche Gebietsbetreuung ist sicherzustellen. (B)

(15) Die ansässige Bevölkerung ist in die Gestaltung des Biosphärenreservates als ihrem Lebens-, Wirtschafts- und Erholungsraum einzubeziehen. Geeignete Formen der Bürgerbeteiligung sind nachzuweisen. (B)

(16) Für teilweise oder vollständig delegierbare Aufgaben sind geeignete Strukturen und Organisationsformen zu entwickeln, die gemeinnützig oder privatwirtschaftlich ausgerichtet sind. (B)

In Biosphärenreservaten sollen – gemeinsam mit den hier lebenden und wirtschaftenden Menschen – Konzepte für Schutz, Pflege und Entwicklung erarbeitet und umgesetzt werden. Der Aufbau einer leistungsfähigen Verwaltung zur Erfüllung der dem Biosphärenreservat übertragenen Aufgaben ist ein offener, ausbaufähiger Prozeß. Zu den Aufgaben zählen insbesondere:

- Erfolgskontrolle der durchgeführten Maßnahmen zu Schutz, Pflege und Entwicklung
- Einbeziehung überlieferter Fertigkeiten der innerhalb des Biosphärenreservates lebenden Menschen in die gegenwärtige und künftige Bewirtschaftung
- Förderung der Akzeptanz und Beteiligung der ortsansässigen Bevölkerung (UNESCO 1984, S.13f.).

Die Umsetzung der Leitlinien für Schutz, Pflege und Entwicklung und die Gestaltung der Biosphärenreservate als Lebens-, Wirtschafts- und Erholungsraum des Menschen erfordern einen ressortübergreifenden, querschnittsorientierten Ansatz. Die Aufgaben der Biosphärenreservate gehen deshalb weit über das klassische Aufgabenspektrum von Naturschutz und Landschaftspflege hinaus und umfassen auch Aufgaben aus Land- und Forstwirtschaft, Industrie und Gewerbe, Fremdenverkehr und Siedlungsentwicklung. Neben hoheitlichen und Verwaltungsaufgaben ergeben sich in Biosphärenreservaten weitere Aufgaben, die zum Teil oder vollständig an private Organisationen delegiert werden können oder die einer öffentlichen Verwaltung grundsätzlich verwehrt sind (vgl. Abb. 2).

Zu (12) Die Realisierung der Aufgaben eines Biosphärenreservates (vgl. Abb. 2) erfordert Fach- und Verwaltungskräfte. Eine leistungsfähige Verwaltung muß vorhanden sein bzw. innerhalb von drei Jahren aufgebaut werden. Die Verwaltung ist nicht nur an Planstellen gebunden, vielmehr können bestimmte Aufgaben an Dritte vergeben und über Projektmittel finanziert werden. Jedes Biosphärenreservat muß mit einem Geographischen Informationssystem (GIS) ausgestattet werden, das kompatibel zu dem in den Biosphärenreservaten Deutschlands verwendeten System ist (vgl. Kriterium 31). Das GIS ist ein unverzichtbares

- ▼ Entwicklung von Konzepten, Beratung und Unterstützung der Landnutzer bei der Umsetzung einer nachhaltigen Landnutzung,
- ▼ Entwicklung und Umsetzung von Konzepten zur Anregung bzw. Durchführung wirtschaftsfördernder Maßnahmen (Vermarktung, Vergabe regionaler Gütesiegel bzw. gesetzlich geschützter Warenzeichen),
- ▼ Entwicklung und Umsetzung von Konzepten zu Schutz, Pflege und Entwicklung auch über die Grenzen des Biosphärenreservates hinaus,
- ▼ Mitwirkung bei Landschaftsplanung und Eingriffsregelung,
- ▼ Naturschutz und Landschaftspflege, Arten- und Biotopschutz,
- ▼ Überwachung der Schutzbestimmungen,
- ▼ Betrieb von Informationszentren, Koordination von Umweltbildung und Öffentlichkeitsarbeit,
- ▼ Besucher- und Bürgerbetreuung, Informations- und Kontaktvermittlung,
- ▼ Dauerbetrieb der Ökologischen Umweltbeobachtung,
- ▼ Koordination der angewandten, problemorientierten Forschung im Biosphärenreservat,
- ▼ Herausgabe von Publikationen und Betreiben von Informationsstellen.

Abb. 2: Aufgaben von Biosphärenreservaten in Deutschland (verändert nach Spandau/ Heilmaier 1992)

Hilfsmittel für die Ökologische Umweltbeobachtung und alle Planungen im Biosphärenreservat. Weiterhin muß jedes Biosphärenreservat so ausgerüstet werden, daß die Ökologische Umweltbeobachtung routinemäßig und dauerhaft durchgeführt werden kann.

Personalausstattung und Sachmittel hängen von Naturausstattung, Nutzung und Flächengröße des Biosphärenreservates ab. Während ein Teil der Aufgaben weitgehend unabhängig von der Flächengröße des Biosphärenreservates ist, sind die Aufgabenbereiche Förderung einer dauerhaft-umweltgerechten Entwicklung, Landschaftsplanung und Eingriffsregelung, Arten- und Biotopschutz sowie insbesondere Überwachung der Schutzbestimmungen und Besucherbetreuung nur bei einer entsprechenden Betreuungsdichte zu verwirklichen.

Die Verwaltung eines Biosphärenreservates sollte bei der Erfüllung ihrer Aufgaben von einem Beirat bzw. Kuratorium unterstützt werden. Zusammengesetzt aus Vertretern der Wirtschaft, Wissenschaft, Politik, Kommunen, Verbände und ggf. freien Beratern haben Beirat bzw. Kuratorium die Aufgabe, die Verwaltung des Biosphärenreservates bei wichtigen Entscheidungen zu beraten. Landschaftspflegeverbände können ebenso wie Fördervereine und Stiftungen eine sinnvolle Ergänzung für die Umsetzung der Aufgaben eines Biosphärenreservates sein.

zu (13) Organisationsstruktur und Kompetenzen der Verwaltung des Biosphärenreservates hängen insbesondere von der Verwaltungsstruktur des jeweiligen Landes ab. Die Verwaltung des Biosphärenreservates ist der Höheren bzw. Oberen oder der Obersten Naturschutzbehörde zuzuordnen. Damit sind entsprechende verwaltungsrechtliche Aufgaben und Kompetenzen verbunden und geregelt. Die Aufgaben des Biosphärenreservats sind querschnittorientiert und berühren die Aufgaben anderer Fachverwaltungen und Träger. Bei der Errichtung der Biosphärenreservatsverwaltung ist das Verhältnis zu anderen, bereits bestehenden Einrichtungen zu klären und arbeitsteilig abzustimmen. Dies gilt insbesondere für Nationalparkverwaltungen, Naturparkträger, Landwirtschafts- und Forstbehörden, Baubehörden sowie Wasserwirtschaft und Küstenschutz. Eine Bündelung verschiedener Ressortaufgaben ist anzustreben; konkurrierende Zuständigkeiten sind zu vermeiden.

Die Kompetenzen der am Management des Biosphärenreservates beteiligten Verwaltung, Träger und privatrechtlicher Organisationen müssen definiert und voneinander abgegrenzt werden. Dies dient auch dazu, die Verwaltungskosten niedrig zu halten. Die Zusammenarbeit zwischen den beteiligten Stellen muß vertraglich oder durch Geschäftsordnung festgelegt werden. Die hoheitlichen Aufgaben der Verwaltung bleiben davon unberührt (vgl. Spandau/Heilmaier 1992).

zu (14) Naturausstattung, Flächengröße und die Aufgaben der Biosphärenreservate in den Bereichen Umweltbildung und Öffentlichkeitsarbeit erfordern eine hauptamtliche Gebietsbetreuung. Der Personalumfang hängt von der Größe des zu betreuenden Gebietes ab. Die Aufgaben der Gebietsbetreuung differenzieren sich nach den Zonen. Während die Aufgabe der Gebietsbetreuung in der Kern- und der Pflegezone u.a. darin besteht, für die Einhaltung der Schutzbestimmungen zu sorgen, nehmen in der Entwicklungszone Umweltbildung, Besucherbetreuung und Beratung den größten Raum ein. Zu weiteren Aufgaben der Gebietsbetreuung kann es gehören, kleinere landschaftspflegerische Maßnahmen durchzuführen oder zu veranlassen und Wege, Beschilderung und Informationstafeln instandzuhalten (vgl. Beschluß anläßlich der 66. Sitzung der LANA vom 14./15. September 1995 in Quedlinburg, TOP 9: "Betreuung großräumiger Schutzgebiete").

zu (15) In Biosphärenreservaten werden gemeinsam mit den hier lebenden und wirtschaftenden Menschen Konzepte für Schutz, Pflege und Entwicklung erarbeitet und umgesetzt. Die Bevölkerung muß daher bei der Gestaltung des Biosphärenreservates als ihrem Lebens-, Wirtschafts- und Erholungsraum mitwirken. Insbesondere ist die Eigeninitiative und Kreativität der Bürger durch Mitbestimmung und Beratung zu fördern. Geeignet erscheinen weiterhin Bürgerversammlungen, Arbeitskreise oder Fördervereine; weitere Formen der Bürgerbeteiligung sind zu prüfen.

zu (16) Teilweise oder vollständig delegierbare Aufgaben des Biosphärenreservates (vgl. Abb. 2) können von gemeinnützigen oder privatrechtlichen Organisationen (z.B. einer "Betriebsgesellschaft") wahrgenommen werden. Das Haupttätigkeitsfeld einer solchen Organisation wird in der Entwicklungszone gesehen und soll beispielgebend in die Region ausstrahlen (AGBR 1995). Eine dauerhaft-umweltgerechte Entwicklung läßt sich nur bedingt von der Verwaltung des Biosphärenreservates umsetzen. Zudem kann die Verwaltung aus finanziellen Gründen im allgemeinen nicht weiter ausgebaut werden. Die Verwaltung kann nicht über die Grenzen des Biosphärenreservates hinaus tätig werden oder unmittelbar Fördermittel in Anspruch nehmen. Die Leistungsfähigkeit der Verwaltung ist daher durch geeignete Strukturen und Organisationen zu erweitern, die gemeinnützig oder privatwirtschaftlich ausgelegt sind.

Planung

(17) Innerhalb von drei Jahren nach Anerkennung des Biosphärenreservates durch die UNESCO muß ein abgestimmtes Rahmenkonzept erstellt werden. Der Antrag muß eine Zusage zur Schaffung der haushaltsmäßigen Voraussetzungen enthalten. (A)

(18) Pflege- und Entwicklungspläne, zumindest für besonders schutz- bzw. pflegebedürftige Bereiche der Pflege- und der Entwicklungszone, sollen innerhalb von fünf Jahren auf der Grundlage des Rahmenkonzeptes erarbeitet werden. (B)

(19) Die Ziele des Biosphärenreservates bzw. das Rahmenkonzept sollen zum frühestmöglichen Zeitpunkt in die Landes- und Regionalplanung integriert sowie in der Landschafts- und Bauleitplanung umgesetzt werden. (B)

(20) Die Ziele zu Schutz, Pflege und Entwicklung des Biosphärenreservates sollen bei der Fortschreibung anderer Fachplanungen berücksichtigt werden. (B)

Zur Veranschaulichung des Stellenwerts der Biosphärenreservate in der integrierten Raumplanung sollten die Regierungen der Länder bestehende Biosphärenreservate als Modell für eine ausgewogene und nachhaltige Entwicklung heranziehen. Anhand dieser Modelle kann deren wirtschaftlicher und sozialer Nutzen demonstriert werden. Biosphärenreservate sollten dort eingerichtet werden, wo es – im Rahmen von Projekten – bereits zu einer erfolgreichen Integration von Erhaltung (im Rahmen eines geschützten Bereichs) und ländlicher Entwicklung gekommen ist (UNESCO 1984, S.20). Darüber hinaus fordert die UNESCO dazu auf, die Rolle der Biosphärenreservate innerhalb der raumbezogenen Planung und Entwicklung künftig stärker zu betonen. Sie empfiehlt die Ausarbeitung eines "Bewirtschaftungsplans", in dem die Schritte, die bis zur vollständigen Erfüllung der Aufgaben eines Biosphärenreservates erforderlich sind, detailliert erläutert werden (UNESCO 1984, S.15ff.).

Planungen auf verschiedenen Maßstabsebenen sind eine unverzichtbare Grundlage für die Umsetzung der Leitlinien für Schutz, Pflege und Entwicklung. Die Ständige Arbeitsgruppe der Biosphärenreservate in Deutschland gibt Leitlinien für Planungen zu Schutz, Pflege und Entwicklung von Biosphärenreservaten vor (AGBR 1995). Neben der rechtlichen Sicherung ist es wesentliche Aufgabe der Länder und Kommunen sowie der Verwaltungen der Biosphärenreservate, Ziele und Maßnahmen der Biosphärenreservate in die rechtsverbindlichen überörtlichen und örtlichen, z.T. maßnahmenbezogenen Planungen zu integrieren (vgl. Abb. 3).

zu (17) Für alle Biosphärenreservate ist die Aufstellung eines flächendeckenden Rahmenkonzeptes verbindlich, das der räumlichen Konkretisierung des Leitbildes zu Schutz, Pflege und Entwicklung dient[1]. Die Maßnahmen müssen dabei in den einzelnen Zonen differenziert sowie dem Handlungsbedarf entsprechend priorisiert werden. Das Rahmenkonzept muß innerhalb von drei Jahren aufgestellt und mit den betroffenen Kommunen, Fachstellen, Trägern öffentlicher Belange, Verbänden und anderen gesellschaftlichen Gruppen abgestimmt werden. Besondere methodische Bedeutung kommt der Aufstellung regionalisierter Leitbilder zu. Diese Leitbilder berücksichtigen regionale Erfordernisse, die aus Naturhaushalt und Landnutzung abgeleitet werden, und verknüpfen diese mit den Anforderungen des MAB-Programms. Auf der Grundlage eines Leitbildes sind konkrete Umweltqualitätsziele zu formulieren, die sich auch in der Zonierung des Biosphärenre-

---

1 Kein Landschaftsrahmenplan nach § 5 BNatSchG.

Leitlinien für Schutz, Pflege und Entwicklung	
Fachliche Planungen zu Schutz, Pflege und Entwicklung der Biosphärenreservate	Planungen zur Integration und Umsetzung der Ziele der Biosphärenreservate
Rahmenkonzept • für das gesamte Biosphärenreservat legt Leitbild, Ziele und Standards für das Biosphärenreservat als Ganzes und in seinen Zonen fest • Regelmaßstab 1:50.000	**Landes- und Regionalplanung** überörtliche Planungen, z.B. • Landschaftsprogramm (§ 5 BNatSchG) für den Bereich eines Landes • Landschaftsrahmenpläne (§ 5 BNatSchG) für Teile des Landes, z.B. für Regionen als Teile der Regionalpläne Regelmaßstab 1:50.000 bis 1:100.000
Pflege- und Entwicklungspläne • vorrangig für die Pflege- und die Entwicklungszone, bedarfsweise für einzelne Schutzgebiete des Biosphärenreservates • Regelmaßstab 1:5.000 bis 1:25.000	**Landschafts- und Bauleitplanung** örtliche Planungen • Landschaftspläne (§ 6 BNatSchG) für Kommunen, i.d.R. Gemeinden, als Teile der Flächennutzungspläne Regelmaßstab 1:2.500 bis 1:5.000 • **Grünordnungspläne** als Teile der Bebauungspläne Regelmaßstab 1:1.000 bis 1:2.500

Abb. 3: Planungen in den Biosphärenreservaten in Deutschland (AGBR 1995)

servates ausdrücken. Wichtige Indikatoren hierfür sind die Empfindlichkeit der Ressourcen gegenüber Belastung durch Nutzungen sowie die Nutzungseignung von Ökosystemen (Fürst et al. 1989; Kerner et al. 1991).

Für das Biosphärenreservat Rhön ist ein beispielhaftes länderübergreifendes Rahmenkonzept für Schutz, Pflege und Entwicklung erarbeitet worden, in das bereits die Ergebnisse ergänzender landesplanerischer Gutachten eingeflossen sind. Zudem wurde dieses Rahmenkonzept unter Beteiligung aller betroffenen Kommunen, Fachstellen, Verbände und gesellschaftlichen Gruppen erstellt. Somit konnte die Grundlage für eine dauerhaft-umweltgerechte Regionalentwicklung geschaffen werden (Biosphärenreservat Rhön 1994).

zu (18) Als planerische Instrumente zur Umsetzung des Rahmenkonzeptes eignen sich in der Pflege- und der Entwicklungszone des Biosphärenreservates detaillierte Pflege- und Entwicklungspläne. Eine der Aufgaben des Rahmenkonzeptes ist es, diejenigen Bereiche zu identifizieren, für die Pflege- und Entwicklungspläne erstellt werden sollen. Diese Pflege- und Entwicklungspläne müssen auf der Grundlage des Rahmenkonzeptes innerhalb von fünf Jahren erarbeitet werden und somit zwei Jahre nach Abschluß des Rahmenkonzeptes vorliegen.

zu (19) Die im Rahmenkonzept festgehaltenen Ziele des Biosphärenreservates müssen zum frühestmöglichen Zeitpunkt in die Programme und Pläne der Landes- und Regionalplanung integriert sowie in der Landschafts- und Bauleitplanung umgesetzt werden. Die Inhalte des Rahmenkonzeptes sollen daher bereits bei dessen Ausarbeitung mit den Zielen der Landes- und Regionalplanung sowie mit anderen Fachplanungen abgestimmt werden. Die Ziele für Schutz, Pflege und Entwicklung sind in der Entwicklungszone vor allem über die kommunale Landschafts- und Bauleitplanung umzusetzen. Der Träger des Biosphärenreservates hat darauf hinzuwirken, daß dessen Ziele in die überörtlichen Planungen integriert und in den örtlichen Planungen umgesetzt werden.

zu (20) Der Träger des Biosphärenreservates hat bei Beteiligung Dritter darauf hinzuwirken, daß die Ziele zu Schutz, Pflege und Entwicklung des Biosphärenreservates bei der Fortschreibung anderer Fachplanungen berücksichtigt werden. So wie das Rahmenkonzept mit anderen Fachplanungen (z.B. Infrastrukturplanung, Waldfunktionsplanung) und der Landes- und Regionalplanung abgestimmt wird, ist darauf hinzuwirken, daß diese ihrerseits die abgestimmten Inhalte übernehmen.

Funktionale Kriterien

Im Rahmen der 12. Sitzung des Internationalen Koordinationsrates für das MAB-Programm (ICC) in Paris 1993 wurden zur Umsetzung der Ergebnisse der UNCED-Konferenz fünf prioritär zu behandelnde Themen zur Weiterentwicklung des MAB-Programmes beschlossen, die vorrangig in Biosphärenreservaten bearbeitet werden sollen:

▼ Schutz der Biodiversität und der Funktionsfähigkeit des Naturhaushaltes,
▼ Erarbeitung von Strategien einer nachhaltigen Nutzung und deren Umsetzung,
▼ Förderung der Informationsvermittlung und Umweltbildung,
▼ Aufbau von Ausbildungsstrukturen,
▼ Errichtung eines globalen Umweltbeobachtungssystems (vgl. UNESCO 1993).

Die Ständige Arbeitsgruppe der Biosphärenreservate in Deutschland definiert in Übereinstimmung mit dem Deutschen MAB-Nationalkomitee und der LANA Biosphärenreservate als Modellgebiete, in denen – gemeinsam mit den hier lebenden und wirtschaftenden Menschen – beispielhafte Konzepte für Schutz, Pflege und Entwicklung von Kulturlandschaften erarbeitet und umgesetzt werden. Zur Umsetzung einer dauerhaft-umweltgerechten Entwicklung verfolgen die Biosphärenreservate in Deutschland u.a. folgende Aufgaben: Bewahrung und nachhaltige Entwicklung von Ökosystemen, Forschung und Ökologische Umweltbeobachtung sowie Umweltbildung und Öffentlichkeitsarbeit (AGBR 1995).

Bislang besteht noch kein wissenschaftlicher Konsens über Definition und Indikatoren einer dauerhaft-umweltgerechten Entwicklung. Zudem sind Biosphärenreservate Modelllandschaften, in denen die für eine dauerhaft-umweltgerechten Entwicklung erforderlichen Voraussetzungen und Konzepte derzeit erst erprobt werden. Die Auswahl der funktionalen Kriterien, anhand derer die Aufgaben von Biosphärenreservaten überprüft werden, beruht auf den nationalen und internationalen Anforderungen sowie auf den Erfahrungen mit den bestehenden Biosphärenreservaten in Deutschland.

Funktionale Kriterien versuchen zu erfassen, inwieweit ein Biosphärenreservat seinen umfassenden Aufgaben nachkommt, und ob es durch sinnvolle Ergänzung, Schwerpunktbildung oder Vertiefung einen spezifischen Beitrag zu den Aufgaben der Biosphärenreservate in Deutschland und weltweit leistet. Das antragstellende Land hat den Nachweis zu erbringen, daß entsprechende Maßnahmen eingeleitet werden. Dies gilt insbesondere für Maßnahmen, die eine dauerhaft-umweltgerechte Entwicklung fördern. Bei der Überprüfung bestehender Biosphärenreservate wird der Erfüllungsgrad der bei der Antragstellung gegebenen Zusagen ermittelt.

Nachhaltige Nutzung und Entwicklung

(21) Gestützt auf die regionalen und interregionalen Voraussetzungen und Möglichkeiten sind in allen Wirtschaftsbereichen nachhaltige Nutzungen und die tragfähige Entwicklung des Biosphärenreservates und seiner umgebenden Region zu fördern. Administrative, planerische und finanzielle Maßnahmen sind aufzuzeigen und zu benennen. (B)

(22) Im primären Wirtschaftssektor sind dauerhaft-umweltgerechte Landnutzungsweisen zu entwickeln. Die Landnutzung hat insbesondere die Zonierung des Biosphärenreservates zu berücksichtigen. (B)

(23) Im sekundären Wirtschaftssektor (Handwerk, Industrie) sind insbesondere Energieverbrauch, Rohstoffeinsatz und Abfallwirtschaft am Leitbild einer dauerhaft-umweltgerechten Entwicklung zu orientieren. (B)

(24) Der tertiäre Wirtschaftssektor (Dienstleistungen u.a. in Handel, Transportwesen und Fremdenverkehr) soll dem Leitbild einer dauerhaft-umweltgerechten Entwicklung folgen. (B)

Die Entwicklung nachhaltiger Formen der Landnutzung (einschließlich der Gewässer des Binnenlandes und der Küstenbereiche) ist eine wesentliche Aufgabe der Biosphärenreservate. Sie ergibt sich unmittelbar aus dem Leitziel des MAB-Programms, die natürlichen Ressourcen zu erhalten und Perspektiven für eine nachhaltige Nutzung aufzuzeigen (UNESCO 1972). Grundlage für die langfristige Erhaltung der Kulturlandschaft ist die Vereinbarkeit der Nutzungen mit dem Erhalt der natürlichen Lebensgrundlagen. Der Mensch und sein Wirken werden daher nicht aus dem Biosphärenreservat ausgeschlossen; vielmehr ist er gefordert, bei dessen Bewirtschaftung mitzuwirken (UNESCO 1984, S.12). Biosphärenreservate dienen als Katalysator, wenn es um die Schaffung geeigneter Mechanismen für die Nutzung fachlicher Kapazitäten von Regierungsbehörden und wissenschaftlichen Einrichtungen zur Entwicklung einer Perspektive für die Ökosystemnutzung sowie für Bewirtschaftungsprobleme spezifischer Regionen geht. Biosphärenreservate bieten sich als Versuchsfeld für die Ausarbeitung, Bewertung und praktische Demonstration der auf eine nachhaltige Entwicklung ausgerichteten Maßnahmen an (UNESCO 1984, S.12 f.).

Zentrales Anliegen der Konferenz der Vereinten Nationen für Umwelt und Entwicklung (UNCED) in Rio de Janeiro 1992 war es, den Zusammenhang zwischen der Bewahrung der Umwelt und einer nachhaltigen wirtschaftlichen Entwicklung ("sustainable development") aufzuzeigen. Nachhaltige Entwicklung umfaßt in diesem Sinne alle Formen der Landnutzung mit dem Ziel einer tragfähigen, ressourcenschonenden Entwicklung. Der Rat der Sachverständigen für Umweltfragen verwendet hierfür den Begriff "dauerhaft-umweltgerechte Entwicklung" (SRU 1994).

Das wirtschaftliche System ist Teilsystem des sozioökonomischen Systems, das zusammen mit dem natürlichen System das Mensch-Umwelt-System bildet (Kerner et al. 1991; vgl. Abb. 1). Das Wachstum des wirtschaftlichen Teilsystems wird von der Knappheit bzw. Substituierbarkeit natürlicher Ressourcen einerseits und in zunehmendem Maße von den Folgen der Entsorgung und der Umweltbelastung andererseits begrenzt (Goodland et al. 1992). Durch nachhaltige Nutzungen können Grundlagen für das Leben und Wohnen, Wirtschaften und Erholen im Biosphärenreservat langfristig gesichert und Optionen für zukünftige Entwicklungen geschaffen werden. Merkmale einer dauerhaft-umweltgerechten Entwicklung sind (vgl. Kerner et al. 1991; Tinbergen/Hueting 1992):

▼ Erhaltung der Leistungsfähigkeit des Naturhaushalts und der Produktivität sowie der Entwicklungsfähigkeit der Ökosysteme

als Voraussetzung für nachhaltige Nutzung,
- ▼ standort- und umweltverträgliche Nutzung,
- ▼ Bewahrung des Landschaftsbildes,
- ▼ Verringerung der Umweltbelastung und Beeinträchtigung des Naturhaushaltes,
- ▼ möglichst geschlossene (betriebliche) Stoffkreisläufe und ihre Anbindung an natürliche Kreisläufe,
- ▼ Verringerung des Energieverbrauchs (fossile Brennstoffe) und Rohstoffeinsatzes.

Bei der Erarbeitung von Konzepten für eine dauerhaft-umweltgerechte Entwicklung des Biosphärenreservates ist auch das Landschafts- und Ortsbild als ästhetische Ressource zu berücksichtigen.

zu (21) In Biosphärenreservaten sollen neue Ansätze erprobt und etabliert werden, den Schutz des Naturhaushaltes und die Entwicklung der Landschaft als Lebens-, Wirtschafts- und Erholungsraum miteinander zu verbinden. Biosphärenreservate werden als repräsentative Ausschnitte der Kulturlandschaften Deutschlands ausgewählt und unterliegen somit nationalen und internationalen wirtschaftlichen Rahmenbedingungen. In ihnen sollen schwerpunktmäßig Modelle für eine dauerhaft-umweltgerechte Entwicklung – die sowohl ökologisch, wirtschaftlich als auch sozial tragfähig sind – vor allem mit Hilfe von Förderinstrumentarien erarbeitet und umgesetzt werden.

Konkrete Entwicklungsziele hängen von den ökologischen und sozioökonomischen Rahmenbedingungen des Biosphärenreservates ab. Administrative, planerische und finanzielle Maßnahmen sind an den gegebenen Voraussetzungen zu orientieren, um gezielt die regionalspezifischen Möglichkeiten einer dauerhaft-umweltgerechten Entwicklung in den verschiedenen Wirtschaftssektoren zu fördern (vgl. Dietrichs/Dietrichs 1988). Die Anwendung weiterer umweltpolitischer Instrumente wie Auflagen, Abgaben, Lizenzen etc. soll geprüft werden (vgl. Cansier 1993, S.130 ff.). Ebenso ist die Nachfrage nach umweltverträglichen Produkten und Dienstleistungen zu fördern. Fachbezogene, umsetzungsorientierte Konzepte für einzelne Nutzergruppen, z.B. Gastronomie und Fremdenverkehr, sollen einer Über-Nutzung bzw. Über-Erschließung vorbeugen und eine dauerhaft-umweltgerechte Nutzung im Einklang mit Schutzzweck und Zonierung des Biosphärenreservates gewährleisten.

Die Vereinbarung von Schutz- und Nutzungsinteressen erfordert eine enge Zusammenarbeit zwischen einheimischer Bevölkerung, Nutzern, Verwaltung und Entscheidungsträgern der öffentlichen Bereiche beim Management des Biosphärenreservates (UNESCO 1984; AGBR 1995). Wesentliche Aufgaben in Biosphärenreservaten sind soweit wie möglich den Bewohnern selbst zu übertragen (u.a. Landschaftspflege, Landschaftsführung, Besucherbetreuung). Hierfür sind die strukturellen Rahmenbedingungen (z.B. Teilzeitarbeit, Nebenerwerbsgelegenheiten) zu schaffen.

zu (22) Im primären Wirtschaftssektor sind dauerhaft-umweltgerechte Landnutzungsweisen in besonderer Weise zu entwickeln. In der Landwirtschaft sind z.B. zum Schutz des Grundwassers standörtlich begründete Grenzwerte zur Gülleausbringung (in Dungeinheiten/ha) sowie zum Einsatz mineralischer Stickstoffdünger (zu bemessen in Entzug/ha) zu berücksichtigen. Wo dies zum Bodenschutz erforderlich ist, müssen anerkannte Maßnahmen zum Schutz vor Erosion angewandt werden (insbesondere winterliche Begrünung, d.h. Zwischenfruchtanbau). Konzepte zur standortgerechten Landnutzung sind zu erstellen sowie die Umstellung der landwirtschaftlichen Betriebsformen auf extensive Formen der Landnutzung und den ökologischen Landbau zu fördern (vgl. SRU 1994). Die Erzeugung bzw. Haltung alter Sorten und Rassen von Nutzpflanzen und -tieren wird empfohlen (vgl. Kriterium 28).

Für eine dauerhaft-umweltgerechte landwirtschaftliche Nutzung der Entwicklungszone sind Konzepte zu erstellen. Es sind in der Pflegezone des Biosphärenreservates Anforderungen zu erfüllen, wie sie z.B. in den Richtlinien der Arbeitsgemeinschaft Ökologischer Landbau (AGÖL), Darmstadt, festgelegt sind. In der Pflegezone bedeutet dies insbesondere den vollständigen Verzicht auf mineralische Stickstoffdüngung und den Einsatz von Pestiziden.

In der Forstwirtschaft sollen die Grundsätze einer naturnahen Waldbewirtschaftung Anwendung finden. Insbesondere sollen folgende Grundsätze berücksichtigt werden:
- ▼ Anlehnung an die natürliche Waldgesellschaft bei der Baumartenwahl,

- Vorrang der Naturverjüngung ohne Zäunung,
- Vermeidung von großflächigen Kahlhieben,
- Bodenbearbeitung nur zur Restauration degradierter Böden,
- Belassung wirtschaftlich zumutbarer Totholzanteile,
- Verzicht auf Pestizide,
- Entwicklung von Waldmänteln.

Wildbewirtschaftung und Jagd sind an den Zielen der naturnahen Waldbewirtschaftung auszurichten. Küsten- und Binnenfischerei haben sich ebenfalls an den Zielen des Biosphärenreservates und dessen Zonierung zu orientieren. Fisch- und Schalentierbestände dürfen nicht erschöpft werden; die Fütterung in der Teichwirtschaft ist auf ein extensives Maß zu beschränken.

zu (23) Dauerhaft-umweltgerechte Nutzungen sind mit zukunftsweisenden und innovativen Ansätzen und Maßnahmen zu fördern. Dies gilt insbesondere für Pilotprojekte und Modellvorhaben "sauberer" bzw. "sanfter" Technologien (technischer Umweltschutz, regenerative Energien). Die Instrumente Umweltverträglichkeitsprüfung und Technikfolgenabschätzung sind beispielgebend anzuwenden. Energieverbrauch und Rohstoffeinsatz sind zu verringern, Betriebe mit weitestgehend geschlossenen Stoffkreisläufen und regionale Ressourcen nutzenden Arbeitsplätzen sind zu fördern. Hier bestehen Möglichkeiten für die Stärkung regionaltypischen Handwerks und Gewerbes. Mit der Umsetzung einer dauerhaftumweltgerechten Entwicklung wird gleichzeitig auch ein wichtiger Beitrag für den Schutz des Naturhaushaltes erbracht.

zu (24) Umweltschonend erzeugte Produkte und Sortimente sind mit geeigneten Maßnahmen (z.B. regionales Gütesiegel, gesetzlich geschütztes Warenzeichen, Werbung) zu vermarkten, marktgerechte Vertriebsstrukturen sind zu entwickeln. Branchenübergreifende Konzepte für regionale Wirtschaftskreisläufe mit kurzen Transportwegen, umwelt- und ressourcenschonende Verkehrskonzepte sind aufzustellen und umzusetzen. Für diese Aufgaben des Biosphärenreservates sind privatwirtschaftliche Organisationsformen und Strukturen zu entwickeln (vgl. Kriterium 16). Hier liegen auch die Möglichkeiten für die Entwicklung eines umwelt- und sozialverträglichen Tourismus.

Naturhaushalt und Landschaftspflege

(25) Ziele, Konzepte und Maßnahmen zu Schutz, Pflege und Entwicklung von Ökosystemen und Ökosystemkomplexen sowie zur Regeneration beeinträchtigter Bereiche sind darzulegen bzw. durchzuführen. (B)

(26) Lebensgemeinschaften der Pflanzen und Tiere sind mit ihren Standortverhältnissen unter Berücksichtigung von Arten und Biotopen der Roten Listen zu erfassen. Maßnahmen zur Bewahrung naturraumtypischer Arten und zur Entwicklung von Lebensräumen sind darzulegen und durchzuführen. (B)

(27) Bei Eingriffen in Naturhaushalt und Landschaftsbild sowie bei Ausgleichs- und Ersatzmaßnahmen müssen regionale Leitbilder, Umweltqualitätsziele und -standards angemessen berücksichtigt werden. (B)

Auf jedes Biosphärenreservat sollten nach Möglichkeit folgende Merkmale zutreffen:

- repräsentative Beispiele natürlicher Ökosysteme,
- einzigartige Gemeinschaften oder Flächen mit ungewöhnlichen natürlichen Merkmalen von hohem Rang,
- Beispiele einer harmonischen Landschaft, die durch traditionelle Landnutzung geschaffen wurde, sowie
- Beispiele naturferner Ökosysteme, die möglicherweise wieder in einen naturnäheren Zustand überführt werden können (UNESCO 1984, S.12).

Die Ziele für Schutz, Pflege und Entwicklung der Biosphärenreservate in Deutschland entsprechen dem gesetzlichen Auftrag, der in §§ 1 und 2 BNatSchG als Ziele und Grundsätze des Naturschutzes und der Landschaftspflege definiert wird. Grundlage für den Schutz des Naturhaushaltes in der Kulturlandschaft ist eine dauerhaft-umweltgerechte Nutzung. Biosphärenreservate in Deutschland sollen in diesem Zusammenhang folgenden Zielen dienen:

▼ Erhaltung natürlicher und naturnaher, vom Menschen weitgehend unbeeinflußter Ökosysteme in ihrer Entwicklung und Dynamik,

▼ Erhaltung halbnatürlicher Ökosysteme und vielfältiger Kulturlandschaften einschließlich der Landnutzungen, die diese hervorbrachten,

▼ Sicherstellung und Stärkung der Leistungsfähigkeit des Naturhaushaltes (insbesondere Bodenschutz, Grund-, Oberflächen- und Trinkwasserschutz, Klimaschutz, Arten- und Biotopschutz),

▼ Erhaltung und Entwicklung nachhaltiger Nutzungen (AGBR 1995; vgl. auch Arbeitskreis Forstliche Landschaftspflege 1991).

zu (25) Die Umweltsituation des Biosphärenreservates ist räumlich zu erfassen und darzustellen. Ökosysteme sind anhand ihrer landschaftsökologischen Funktionen (Produktion, Konsum, Abbau, Stofftransporte, Steuerung; vgl. Kerner et al. 1991) zu beschreiben. Im Rahmenkonzept sind ressourcen- und ökosystembezogene Umweltqualitätsziele zu setzen, an denen die weitere Entwicklung des Biosphärenreservates zu orientieren ist.

Kurzfristig erforderliche Maßnahmen sind bereits im Vorgriff auf das Rahmenkonzept durchzuführen. Zum landschaftspflegerischen Auftrag gehören sowohl die Erhaltung und Pflege der gesamten Artenvielfalt als auch das Zulassen einer natürlichen Entwicklung" (Mayerl 1990, S.174). Maßnahmen zur Sanierung bzw. Renaturierung beeinträchtigter Bereiche – die u.U. die Einbeziehung einer Regenererationszone erfordern – sind darzulegen und durchzuführen. Im Antrag sind entsprechende landschaftspflegerische Maßnahmen zu benennen und zu begründen. Ferner ist nachzuweisen, daß

Durchführung und Finanzierung dieser Maßnahmen gesichert sind.

Um die Leistungsfähigkeit des Naturhaushaltes zu erhalten bzw. verbessern zu können, sind insbesondere in den Bereichen Klima, Boden, Gewässer (Oberflächen-, Grund- und Trinkwasser), Abfallvermeidung und -verwertung die im Rahmenkonzept gesetzten Umweltqualitätsziele zu überprüfen. Ökologische Umweltbeobachtung und andere Formen der Erfolgskontrolle dienen dazu, die eingeleiteten Maßnahmen zu Schutz, Pflege und Entwicklung zu überprüfen. Gegebenenfalls sind die gesetzten Ziele zu korrigieren.

zu (26) In Biosphärenreservaten sollen die Verschiedenartigkeit und Vollständigkeit der Lebensgemeinschaften von Pflanzen und Tieren bewahrt und die biologische Vielfalt der Arten, Rassen und Formen gesichert werden. Insbesondere sind autochthone, endemische und gefährdete naturraumtypische Tier- und Pflanzenarten zu erhalten. Landschaftspflegerische Maßnahmen zu deren langfristiger Erhaltung sind einzuleiten. Geeignete Maßnahmen wie die Umsetzung von Artenhilfsprogrammen, Arten- und Biotopschutzprogrammen sind zu benennen. Finanzierung und Durchführung dieser Maßnahmen sind nachzuweisen.

Standörtliche Unterschiede und eine daran angepaßte, differenzierte Landnutzung bewirken die hohe Diversität der mitteleuropäischen Kulturlandschaft. Da zahlreiche Tier- und Pflanzenarten der Kulturlandschaft auf Nutzung angewiesen sind, können die biologische Vielfalt und die natürlichen Lebensgrundlagen nicht ausschließlich in natürlichen und naturnahen Ökosystemen erhalten werden. Die Förderung dauerhaft-umweltgerechter Landnutzungsweisen ist daher langfristig die einzige Möglichkeit für die Bewahrung und Entwicklung naturraumtypischer Arten und Lebensräume. Es müssen umweltverträgliche und wirtschaftlich tragfähige Nutzungsweisen für die genutzten Ökosysteme entwickelt werden (vgl. Kriterium 21). Dies ist insbesondere in vom Menschen stark überprägten Bereichen die entscheidende Voraussetzung für die Erhaltung und Entwicklung vielfältiger Kulturlandschaften.

zu (27) Eingriffe in Naturhaushalt und Landschaftsbild müssen sich in besonderem Maße an den Aufgaben des Biosphärenreservates und seiner Zonen orientieren. Insbesondere ist zu überprüfen, in welchem Umfang die Belange des Naturschutzes und der Landschaftspflege bei der Abwägung aller Anforderungen an Natur und Landschaft berücksichtigt wurden und inwieweit Eingriffe vermindert bzw. kompensiert wurden. Da Biosphärenreservate Modellregionen für die Etablierung nachhaltiger Nutzungen sind, sollen die Instrumente Umweltverträglichkeitsprüfung (vgl. Gassner/Winkelbrandt 1990; Storm/Bunge 1989-1995; Hübler/Zimmermann 1989) und Eingriffsregelung (Haber et al. 1993) modellhaft angewandt werden.

Biodiversität

(28) Wichtige Vorkommen pflanzen- und tiergenetischer Ressourcen sind zu benennen und zu beschreiben; geeignete Maßnahmen zu ihrer Erhaltung am Ort ihres Vorkommens sind zu konzipieren und durchzuführen. (B)

In Biosphärenreservaten kommt ein bedeutender Ausschnitt der naturraumtypischen Flora und Fauna vor; sie sind daher wichtige Reservoire genetischer Ressourcen. Diese Ressourcen finden zunehmend Verwendung bei der Entwicklung neuer Arzneimittel, Industriechemikalien, Baumaterialien, Nahrungsquellen, Schädlingsbekämpfungsmitteln und anderer Produkte, die zur Steigerung des menschlichen Wohlergehens beitragen (UNESCO 1984, S.2 f.). Die weltweite Erhaltung der biologischen Vielfalt (Biodiversität) ist ein Hauptanliegen der Biosphärenreservate. Die spezifische biologische Vielfalt der einzelnen Biosphärenreservate ist bei deren Entwicklung zu sichern. Um die in-situ-Erhaltung von wichtigen Arten, ihren Populationen und Schlüsselökosystemen zu gewährleisten, sollten Regierungen ersucht werden, gezielt und vordringlich Maßnahmen im Hinblick auf bestimmte Arten, Populationen und Ökosysteme zu ergreifen, die besonders wichtig oder stark bedroht sind (UNESCO 1984, S.18). Insbesondere sind die Voraussetzungen zu schaffen für den

- Schutz autochthoner und endemischer Tier- und Pflanzenarten und von repräsentativen Populationen dieser Arten,
- Schutz verwandter Wildarten von Kulturpflanzen und Nutztieren,
- Schutz alter Sorten und Landsorten von Kulturpflanzen und bedrohten Haustierrassen (UNESCO 1984, S.15)

Biodiversität bzw. Biologische Vielfalt wird definiert als die auf allen Ebenen der biologischen Hierarchie vorkommende Eigenschaft von Organisationseinheiten (Gen, Zelle, Einzellebewesen, Art, Lebensgemeinschaft oder Ökosystem), unterschiedlich zu sein (vgl. Solbrig 1994). Die Erhaltung pflanzen- und tiergenetischer Ressourcen zählt zu den großen globalen Herausforderungen der Gegenwart. Mit der Verabschiedung der "Konvention über Biologische Vielfalt" anläßlich der Konferenz der Vereinten Nationen für Umwelt und Entwicklung (UNCED) in Rio de Janeiro 1992 wurde die völkerrechtliche Grundlage für die internationale Zusammenarbeit zum Schutz der Biologischen Vielfalt geschaffen. International dienen Biosphärenreservate zur Umsetzung dieser Konvention.

zu (28) Pflanzen- und tiergenetische Ressourcen tragen in besonderem Maße zur hohen Diversität der mitteleuropäischen Kulturlandschaft bei. Bestimmte Ökosysteme wie Almen, Triften oder einzelne Heidelandschaften können oftmals nur mit Hilfe angepaßter Landsorten von Kulturpflanzen oder angepaßter Haustierrassen erhalten werden. Auch eine nachhaltige land- und forstwirtschaftliche Nutzung ist auf die lokalen genetischen Ressourcen angewiesen (vgl. Kriterium 22). Biosphärenreservate können als Genpool für die Wiederausbreitung heimischer Arten in Gegenden dienen, in denen diese bedroht oder bereits ausgestorben sind. Dazu gehören auch alte Sorten und verwandte Wildarten von Kulturpflanzen sowie alte Rassen und verwandte Wildarten von Nutztieren. Biosphärenreservate tragen somit zur Vielfalt naturraumtypischer Ökosysteme und des Naturhaushaltes bei.

Forschung

(29) Im Biosphärenreservat ist angewandte, umsetzungsorientierte Forschung durchzuführen. Das Biosphärenreservat muß die Datenbasis für die Forschung auf der Grundlage des Ökosystemtypenschlüssels der AG CIR (1995) vorgeben. Schwerpunkte und Finanzierung der Forschungsmaßnahmen sind im Antrag auf Anerkennung und im Rahmenkonzept nachzuweisen. (B)

(30) Die für das Biosphärenreservat relevante Forschung Dritter soll durch die Verwaltung des Biosphärenreservates koordiniert, abgestimmt und dokumentiert werden. (B)

Aufgabe der Forschung in Biosphärenreservaten ist es, neue Wege für ein partnerschaftliches Zusammenleben von Mensch und Natur zu entwickeln, zu erproben und beispielhaft umzusetzen. In Biosphärenreservaten sollen daher insbesondere - unter Beteiligung von Natur- und Geisteswissenschaftlern - interdisziplinäre Forschungsprogramme durchgeführt werden, deren Ziel es ist, Modelle für eine nachhaltige Landnutzung zu entwickeln. Die UNESCO empfiehlt, fünfjährige Forschungsprogramme aufzustellen, in denen die geplanten Forschungsaktivitäten des Biosphärenreservates erläutert sind. Dies umfaßt auch Strategien zur Erhaltung bedrohter Tier- und Pflanzenarten sowie Schutz, Pflege und Entwicklung ihrer Lebensräume. Wichtige Aufgaben in diesem Zusammenhang sind

- Inventur und Dokumentation der Naturausstattung des Biosphärenreservates und ihrer gegenwärtigen und historischen Nutzung als Ausgangsbasis für Maßnahmen der Forschung und Umweltbeobachtung,

- Untersuchung der Auswirkungen der historischen und modernen Formen der Landnutzung sowie der Umweltverschmutzung auf die Struktur und Funktion von Ökosystemen und den Naturhaushalt,

- Entwicklung nachhaltiger Produktions- und Sanierungsverfahren für bereits geschädigte Gebiete,

- Bestimmung der notwendigen Anforderungen für die Erhaltung der biologischen Vielfalt (Biodiversität) (UNESCO 1984, S.13 ff.).

Da regionale Eingriffe des Menschen in den Naturhaushalt weltweite Auswirkungen haben können, sind nationale Forschungsprogramme in der Regel nur in der Lage, einen Teilbeitrag zur Untersuchung und Lösung globaler Probleme zu leisten. Biosphärenreservate sollen daher die Umsetzung internationaler Konventionen und Beschlüsse wie der Konferenz der Vereinten Nationen für Umwelt und Entwicklung (UNCED) von Rio de Janeiro 1992 unterstützen (UNESCO 1993). Die UNESCO (1984) empfiehlt, dem Ausbau der Forschungsfunktion der Biosphärenreservate hohe Priorität einzuräumen. Im Interesse eines weiteren Ausbaus des Forschungspotentials des Biosphärenreservatnetzes werden die Regierungen verstärkt dazu angeregt, bilaterale oder multilaterale Pilotprojekte zwischen Nord und Süd, West und Ost einzurichten (UNESCO 1984, S.8).

Der vergleichenden Ökosystemforschung, d.h. der modelltheoretisch unterbauten Analyse der Struktur und Dynamik von vernetzten Biozönosen und Biotopen, ihrer Stoff- und Energiebilanzierung, der Aufschlüsselung der vielgestaltigen Reglungsmechanismen sowie der Bestimmung von Stabilitäts- und Belastungskriterien kommt in Zukunft eine Schlüsselrolle bei der Bewältigung der Umweltprobleme zu (vgl. Ellenberg et al. 1978). Dies gilt in dreifacher Hinsicht: Ein verbessertes Verständnis der Struktur und Funktionsweise von Ökosystemen kann wesentlich dazu beitragen, Umweltschutz an strategisch richtigen Stellen wirken zu lassen und Belastungsgrenzen an ökologischen Erfordernissen zu orientieren. Vertiefte Kenntnisse über Regelungs- und Funktionsprinzipien unterschiedlich naturnaher Ökosysteme können weiterhin wichtige Hinweise geben, wie Technik in Zukunft ökologisch verträglich gestaltet werden kann. Die Berücksichtigung ökologischer Systemprinzipien könnte schließlich bei der Gestaltung technischer Systeme eine bessere Energieausnutzung, ein verbessertes Stoffrecycling, effizientere Rückkoppelungen und stabilisierende Regelungen bewirken.

zu (29) Forschung hat in den Biosphärenreservaten in Deutschland insbesondere die Frage zu beantworten, wie eine nachhaltige und wirtschaftlich tragfähige Nutzung gestaltet werden kann. Die Wechselbeziehungen zwischen Naturhaushalt, Landnutzung, Kultur und sozioökonomischen Rahmenbedingungen stehen daher im Mittelpunkt der Betrachtungen. Sie prägen Forschungsinhalte und -methoden (AGBR 1995). Somit stellen sich insbesondere folgende raumbezogene Teilfragen zu Schutz, Pflege und Entwicklung der Biosphärenreservate in Deutschland:

▼ In welchen Bereichen sind die für den Schutz des Naturhaushaltes und der genetischen Ressourcen wichtigen Ökosysteme durch einen Wandel der Nutzung besonders gefährdet?
▼ Welche sozioökonomischen Rahmenbedingungen in der Region bewirken einen solchen Nutzungswandel?
▼ Welche Ökosystemtypen entsprechen den Zielsetzungen einer dauerhaft-umweltgerechten Landnutzung und welche nicht? Wo und wie müßte eine Änderung der Landnutzung im Sinne des Naturhaushaltsschutzes erfolgen?
▼ Welche sozioökonomischen Rahmenbedingungen in der Region sind für eine Optimierung der Nutzung im Sinne des Schutzes des Naturhaushaltes und der genetischen Ressourcen notwendig, und wie können dieses geschaffen werden (AGBR 1995)?

Im Antrag auf Anerkennung und im Rahmenkonzept ist daher nachzuweisen, daß die Mensch-Umwelt-Beziehungen im Mittelpunkt der Forschung stehen. Insbesondere ist darzulegen, welche anwendungsorientierte ökologische, sozioökonomische und umsetzungsorientierte Themen bearbeitet werden sollen. Die Forschungsansätze sind im Rahmenkonzept (vgl. Kriterium 17) zu konkretisieren. Der Antrag muß eine Zusage zur Schaffung der haushaltsmäßigen Voraussetzungen enthalten.

Eine fach- und projektübergreifende Verwendbarkeit der gewonnenen Informationen setzt insbesondere eine einheitliche Datenbasis für Datenerhebung und -auswertung voraus. Forschungsvorhaben, Entwicklungsprojekte und Ökologische Umweltbeobachtung sind auf der Grundlage des Ökosystemtypenschlüssels im Maßstab 1:10.000 (AG CIR 1995) durchzuführen, dessen Verwendung die Ständige Arbeitsgruppe der Biosphärenreservate in Deutschland beschlossen hat. Dies gewährleistet die Verfeinerung und Komplettierung der im Biosphärenreservat bestehenden Datenbasis und bedeutet somit einen direkt verwertbaren Informationsgewinn (vgl. Kriterium 30).

Als Planungsgrundlage für Biosphärenreservate und den interregionalen Vergleich verschiedener Biosphärenreservate sind neben ökologischen Daten in gleicher Weise demographische, wirtschaftsstrukturelle und soziokulturelle Daten zu erheben. In angemessenen Zeiträumen sind diese Erhebungen fortzuschreiben. Biosphärenreservate ergänzen damit auch die Aufgabe der Ökosystemforschung in den Hauptforschungsräumen hinsichtlich der Erhebung, Kalibrierung und Validierung von Daten.

zu (30) Vorhaben zur Ökosystemforschung sind zu bündeln sowie räumlich, zeitlich und inhaltlich aufeinander abzustimmen. Die Forschungsvorhaben im Biosphärenreservat sollen von der Verwaltung selbst koordiniert werden. Da es eine wesentliche Aufgabe der Verwaltung ist, Informationen über das Biosphärenreservat zusammenzuführen und zu bewerten, ist sie verpflichtet, Forschungsergebnisse zu dokumentieren und zu archivieren. Dies betrifft nicht nur Vorhaben, die im Auftrag der Biosphärenreservatsverwaltung vergeben werden, sondern auch biosphärenreservatsrelevante Forschungen, die über andere Träger durchgeführt werden. Den Verwaltungen wird daher empfohlen, mit Dritten vertragliche Regelungen über Abstimmung, Verwendung und Dokumentation von Forschungsvorhaben zu treffen. Erfüllen die Vorhaben die genannten inhaltlichen, methodischen und formalen Rahmenbedingungen für Erhebung, Dokumentation und Wertung der Daten, kann die Verwaltung Informationen und das Geographische Informationssystem zur Verfügung stellen.

Das Biosphärenreservat sollte Voraussetzungen für die Unterbringung von Gastwissenschaftlern, Doktoranden, Diplomanden und Praktikanten nachweisen. Biosphärenreservate werden im Rahmen des MAB-Programmes anerkannt und sind somit Bestandteil des internationalen MAB-Verbundes. Dieser Verbund dient dem internationalen Austausch von Informationen und Methoden, der Ausbildung und dem Austausch von Wissenschaftlern und – ganz allgemein – der Verbreitung der Ziele des MAB-Programms. Zusammenarbeit mit bzw. Betreuung von Gastwissenschaftlern, Doktoranden, Diplomanden und Praktikanten ist daher eine wichtige Aufgabe von Biosphärenreservaten. Durch Kooperationsverträge mit Universitäten, Fachhochschulen und anderen Forschungseinrichtungen ist die Einbindung in neueste Forschungsentwicklungen nachzuweisen.

Ökologische Umweltbeobachtung

(31) Die personellen, technischen und finanziellen Voraussetzungen zur Durchführung der Ökologischen Umweltbeobachtung im Biosphärenreservat sind nachzuweisen. (B)

(32) Die Ökologische Umweltbeobachtung im Biosphärenreservat ist mit dem Gesamtansatz der Umweltbeobachtung in den Biosphärenreservaten in Deutschland, den Programmen und Konzepten der EU, des Bundes und der Länder zur Umweltbeobachtung sowie mit den bestehenden Routinemeßprogrammen des Bundes und der Länder abzustimmen. (B)

(33) Die Verwaltung des Biosphärenreservates muß die im Rahmen des MAB-Programms zu erhebenden Daten für den Aufbau und den Betrieb nationaler und internationaler Monitoringsysteme den vom Bund und den Ländern zu benennenden Einrichtungen unentgeltlich zur Verfügung stellen. (B)

Aufgrund ihrer wissenschaftlichen Ausrichtung und ihres Schutzstatus eignen sich Biosphärenreservate besonders gut für die Langzeitüberwachung globaler biogeochemischer Kreisläufe, ökologischer Prozesse und der Auswirkungen menschlicher Nutzungen auf die Biosphäre (insbesondere als Standorte für das Monitoring der Hintergrundschadstoffwerte) (UNESCO 1984, S.13). Die im Rahmen solcher langfristiger Programme in Biosphärenreservaten erhobenen Daten eignen sich besonders gut für die Erstellung von Modellen, mit deren Hilfe Umweltveränderungen und Trends sowie deren potentielle Auswirkungen auf die menschliche Gesellschaft prognostiziert werden (UNESCO 1984, S.18).

Die Ökologische Umweltbeobachtung ist ein wesentlicher Bestandteil einer vorsorgenden Umweltpolitik. Umweltbeobachtung dient als Frühwarnsystem und zur Erfolgskontrolle des umweltpolitischen Handelns. Datenverarbeitungssysteme zur Umweltbeobachtung sollen als Umweltinformationssystem die kontinuierliche und verständliche Information der Öffentlichkeit und der Entscheidungsträger gewährleisten (AGBR 1995). Nach Vorlage des Sondergutachtens "Allgemeine ökologische Umweltbeobachtung" (SRU 1990) haben die Umweltminister und -senatoren der Länder den Bundesminister für Umwelt, Naturschutz und Reaktorsicherheit anläßlich der 37. Umweltministerkonferenz am 21./22. November 1991 in Leipzig u.a. gebeten,

▼ schrittweise eine ökologische, auf Ökosystemen basierende Umweltbeobachtung und die Erforschung der ökosystemaren Umweltbeobachtung auf der Grundlage einschlägiger Projekte auch in Ballungsgebieten weiter voranzutreiben;

▼ zu prüfen, wie die zahlreichen Aktivitäten der Umweltbeobachtung zusammengeführt und integriert werden können, um als Grundlage für ein möglichst umfassendes Umweltbeobachtungssystem der Länder sowie als Instrument wirksamer Umweltvorsorge zu dienen (UMK 1991).

Durch die Einbindung in das MAB-Programm sind Biosphärenreservate auf globaler Ebene für die Durchführung der Ökologischen Umweltbeobachtung prädestiniert. Das setzt voraus, daß die gleichen Strategien zur Umweltbeobachtung, die gleichen Methoden an unterschiedlichen Ökosystemen angewendet werden, die Selektion der Untersuchungsgebiete gleichartig vorgenommen wird und die Arbeiten in den als repräsentativ angesehenen Ökosystemen durchgeführt werden (Keune 1991).

zu (31) Die Anerkennung eines Biosphärenreservates setzt voraus, daß die personellen, finanziellen und technischen Erfordernisse für die langfristige Durchführung der Ökologischen Umweltbeobachtung erfüllt sind. Die Auswahl der Beobachtungsräume muß garantieren, daß Resultate der Umweltbeobachtung von den Biosphärenreservaten auf große Bereiche Deutschlands mit vergleichbarer natürlicher Ausstattung und ähnlichen Nutzungsverhältnissen übertragen werden können bzw. bis auf die globale Ebene hin aggregierfähig sind. Ferner besteht für die Übertragbarkeit von im regionalen Maßstab gewonnenen Resultaten auf die globale Ebene die Notwendigkeit zur Erstellung streng harmonisierter Datenbasen (Schönthaler et al. 1994).

Die Verwaltung des Biosphärenreservates muß mit Hard- und Software ausgestattet werden. Dies schließt als unabdingbares technisches Hilfsmittel u.a. die Verwendung eines Geographischen Informationssystems ein. Die gesamte EDV-Ausstattung muß mit den in den Biosphärenreservaten in Deutschland verwendeten Systemen kompatibel sein (vgl. Kriterium 12). Der Antrag muß eine Zusage zur Schaffung der haushaltsmäßigen Voraussetzungen enthalten.

zu (32) Das Bundesministerium für Umwelt, Naturschutz und Reaktorsicherheit (BMU) hat in Zusammenarbeit mit dessen Fachbehörden Umweltbundesamt (UBA) und Bundesamt für Naturschutz (BfN) Vorschläge für ein deutsches Umweltbeobachtungsprogramm unterbreitet. Damit wird eine bessere Koordinierung der bereits bestehenden Meßprogramme des Bundes angestrebt. Eine weitergehende Konkretisierung der Umweltbeobachtung in Deutschland – im Sinne der o.a. UMK-Beschlüsse – steht jedoch noch aus; dies betrifft insbesondere auch die Abstimmung mit bzw. zwischen den Ländern.

Um auch den weitergehenden Anforderungen des Sondergutachtens zur Ökologischen Umweltbeobachtung (SRU 1990) gerecht zu werden, wurde vom BMU –im Auftrag des UBA – ein Forschungs- und Entwicklungsvorhaben vergeben (Schönthaler et al. 1994), um ein wissenschaftlich begründetes und nachvollziehbar hergeleitetes Programm für die Ökologische Umweltbeobachtung zu erarbeiten. Da sich Biosphärenreservate in besonderem Maße als Standorte für die Umweltbeobachtung eignen, wurde diese "Konzeption für eine Ökosystemare Umweltbeobachtung" als "Pilotprojekt für Biosphärenreservate" entwickelt. Die Ständige Arbeitsgruppe der Biosphärenreservate in Deutschland hat die Entstehung dieser Konzeption begleitet und schließlich in die "Leitlinien für Schutz, Pflege und Entwicklung der Biosphärenreservate in Deutschland" (AGBR 1995) integriert.

Die wesentlichen Grundgedanken dieser Konzeption umfassen zum einen die eng abgestimmte, harmonisierte Beobachtung eines sogenannten Kerndatensatzes in repräsentativen Ökosystemtypen der Biosphärenreservate in Deutschland ("räumliche Arbeitsteilung"); zum anderen ist vorgesehen ("inhaltliche Arbeitsteilung"), auch die darüber hinausgehende, regional-fragengeleitete Umweltbeobachtung zwischen den Biosphärenreservaten abzustimmen (Schönthaler et al. 1994). Eine umfassende Ökologische Umweltbeobachtung soll schließlich auch die Beobachtung individuellen und gesellschaftlichen Verhaltens ("social monitoring") einschließen.

In der Harmonisierung der Datenbasen und im Aufbau des GIS besteht daher ein wesentlicher Beitrag der Biosphärenreservate zur Umweltbeobachtung. Eine harmonisierte Umweltbeobachtung erfordert zudem eine abgestimmte Datenfluß- und -bankkonzeption. Grundlage für die Auswahl der zu beobachtenden Ökosystemtypen ist der Ökosystemtypenschlüssel der AG CIR (1995).

zu (33) Die Umweltbeobachtung in den Biosphärenreservaten soll in enger Zusammenarbeit mit den Programmen BRIM (Biosphere Reserve Integrated Monitoring) und GEMS (Global Environment Monitoring System) von UNESCO bzw. UNEP durchgeführt werden. Die validierten Daten aus den Biosphärenreservaten sollen an nationale und internationale Programme wie z.B. die Umweltbeobachtungskonzeption des Bundes, LANIS (Landschaftsinformationssystem), GENRES (Zentrales Dokumentations- und Informationssystem für Genetische Ressourcen des Bundes), CORINE (Cooriented Information on the European Environment) oder GRID (Global Resource Information Database) übergeben werden.

Umweltbildung

(34) Inhalte der Umweltbildung sind im Rahmenkonzept unter Berücksichtigung der spezifischen Strukturen des Biosphärenreservates auszuarbeiten und im Biosphärenreservat umzusetzen. Maßnahmen zur Umweltbildung sind als eine der zentralen Aufgaben der Verwaltung bereits im Antrag nachzuweisen. (B)

(35) Jedes Biosphärenreservat muß über mindestens ein Informationszentrum verfügen, das hauptamtlich und ganzjährig betreut wird. Das Informationszentrum soll durch dezentrale Informationsstellen ergänzt werden. (B)

(36) Mit bestehenden Institutionen und Bildungsträgern ist eine enge Zusammenarbeit anzustreben. (B)

Die Regierungen sollten die umwelterzieherische Aufgabe der Biosphärenreservate unterstützen und dort Bildungseinrichtungen schaffen, die das Interesse der einheimischen Bevölkerung wie auch der Besucher an den Belangen der Umwelt stärken helfen (UNESCO 1984, S.22). Biosphärenreservate eignen sich besonders für eine praxisnahe Erziehung und Fortbildung von Wissenschaftlern, Verwaltern von Schutzgebieten, Besuchern wie auch der einheimischen Bevölkerung. Der Aufbau dieser Programme hängt von den spezifischen Bedingungen, Möglichkeiten und Erfordernissen des jeweiligen Biosphärenreservates und der es umgebenden Region ab. Die UNESCO stellt im allgemeinen folgende Aktivitäten in den Vordergrund:

- wissenschaftliche und fachliche Ausbildung,
- Umwelterziehung,
- praktische Demonstration und Beratung,
- Information der ansässigen Bevölkerung mit gleichzeitiger Bereitstellung von Beschäftigungsmöglichkeiten (UNESCO 1984, S.13).

Eines der Leitziele des MAB-Programms ist, die Beziehung zwischen Mensch und Umwelt zu verbessern. Dabei soll das Bewußtsein einer breiten Öffentlichkeit für Möglichkeiten und Grenzen der Nutzung natürlicher Ressourcen gefördert und in ein entsprechendes umweltverantwortliches Handeln umgesetzt werden. Bildungsmaßnahmen sollen die Diskrepanz zwischen einem hohen theoretischen Umweltbewußtsein in der Gesellschaft und dem mangelhaft praktizierten umweltrelevanten Handeln überwinden helfen (Kastenholz/Erdmann 1992). Angestrebt wird, bei jedem einzelnen eine individuelle Verantwortlichkeit für die Belange von Natur und Umwelt zu wecken und eine dauerhafte Veränderung des Handelns im Verhältnis zu Umwelt und Natur zu bewirken. Diese Schritte zu einem stärker gesellschaftlich verankerten umweltverantwortlichen Handeln werden nur möglich sein, wenn pädagogische Überlegungen und Konsequenzen künftig stärker berücksichtigt werden.

zu (34) Im Rahmen der Umweltbildung soll die Verantwortung des Menschen für heutige und künftige Generationen vermittelt werden, die sich aus der Nutzung und Belastung der Ökosysteme ergibt, aber auch die Abhängigkeit des Menschen von einem leistungsfähigen Naturhaushalt. Themen und Mittel der Umweltbildung sind dabei im Hinblick auf die jeweilige Zielgruppe zu gestalten. Ziele der Umweltbildung in Biosphärenreservaten sind:

- ▼ Vertiefung umweltbezogener Kenntnisse und Aufbau eines fundierten Umweltwissens,
- ▼ Unmittelbare Begegnung mit der natürlichen und anthropogen gestalteten Umwelt sowie das Erkennen und Bewerten von Einflußfaktoren auf diese,
- ▼ Untersuchung und Reflexion der gegenwärtigen Umweltsituation und ihrer Ge-

schichte sowie der Beziehungen zwischen den Menschen, ihren gesellschaftlichen Einrichtungen und ihrer natürlichen und anthropogen gestalteten Umwelt,
▼ Entwicklung und Vermittlung von Alternativen zu den als umweltbelastend erkannten gegenwärtigen Denk- und Handlungsweisen (AGBR 1995).

Der Erfolg eines Biosphärenreservates hängt nicht zuletzt davon ab, inwieweit sich dessen Bevölkerung mit dem Leitbild identifiziert und zu einer Mitwirkung bei der Gestaltung des Biosphärenreservates motiviert werden kann. Deshalb ist bereits im Vorfeld der Anerkennung einer Landschaft als Biosphärenreservat deren Bevölkerung mit geeigneten Maßnahmen in die Planung miteinzubeziehen.

zu (35) Informationszentren von Biosphärenreservaten können – je nach Naturausstattung und den spezifischen Schwerpunkten in Forschung, Planung, Schutz, Pflege und Entwicklung – unterschiedlich aufgebaut und eingerichtet sein. Das Informationszentrum soll z.B. an Besucherschwerpunkten durch dezentrale Einrichtungen (z.B. Info-Stellen, Lehrpfade) ergänzt werden, die bestimmte örtliche Themen behandeln (z.B. Ökosysteme und deren Nutzung). Es lassen sich allgemeine Informationen über das Biosphärenreservat und Themen der Umweltbildung darstellen, z.B. in Ausstellungen, Tonbildschauen oder Simulationsmodellen. Informationsmaterial, Videofilme und Diareihen über das Biosphärenreservat sollten hier erhältlich sein. Die Umweltbildung im Informationszentrum eines Biosphärenreservates soll mindestens folgende fünf Themenbereiche umfassen:

▼ Ziele und Aufgaben von Biosphärenreservaten (weltweites Netz von Biosphärenreservaten, MAB-Programm),
▼ Vorstellung des Biosphärenreservates (Bewohner, Nutzer, Kultur- und Landschaftsgeschichte, Naturausstattung, Nutzungen, Nutzungskonflikte, Besonderheiten und Aufgaben im nationalen und internationalen Netz),
▼ Möglichkeiten und Grenzen der Belastbarkeit der Ressourcen (Auswirkungen der Landnutzungen und der urban-industriellen Umweltverschmutzung im lokalen, regionalen, nationalen und globalen Maßstab),
▼ Lösungsansätze (Leitbild der dauerhaft-umweltgerechten Entwicklung, Förderung des Umweltbewußtseins und umweltverantwortlichen Verhaltens) sowie
▼ Beispiele für nachhaltige Wirtschaftsformen oder Beiträge hierzu.

zu (36) Mit Schulen, Volkshochschulen, Hochschulen, Naturschutzakademien, Zentralen für politische Bildung, Museen, Berufsverbänden und Vereinen innerhalb und außerhalb der Grenzen des Biosphärenreservates ist eine enge Zusammenarbeit anzustreben. Wünschenswert ist der Aufbau eines regionalen Verbundes von Museen und Ausstellungen, in dem Freilicht-, Heimatmuseen u.a. arbeitsteilig Aufgaben in der Darstellung der Kultur- und Landschaftsgeschichte übernehmen, aber auch Ausstellungen und Informationen über das Biosphärenreservat anbieten. Die Identifikation der Bevölkerung mit "ihrem" Biosphärenreservat soll gefördert werden. Führungen zu und in Beispielbetrieben der Land- und Forstwirtschaft, des Handels und der Industrie sollen in das Bildungsprogramm aufgenommen werden.

Öffentlichkeitsarbeit und Kommunikation

(37) Das Biosphärenreservat muß auf der Grundlage eines Konzeptes zielorientierte Öffentlichkeitsarbeit betreiben. (B)

(38) Im Rahmen der Öffentlichkeitsarbeit eines Biosphärenreservates sind neben Verbrauchern insbesondere Erzeuger und Hersteller von Produkten für eine wirtschaftlich tragfähige und nachhaltige Entwicklung zu gewinnen. (B)

(39) Zur Förderung der Kommunikation der Nutzer und zum Interessensausgleich sollen Berater ("Mediatoren") eingesetzt werden. (B)

> Mitentscheidend für den Erfolg eines Biosphärenreservates ist seine Akzeptanz bei der ortsansässigen Bevölkerung. Konflikte können aus den gegensätzlichen Anforderungen kurzfristiger ökonomischer Ziele und der Erhaltung entstehen; ebenso aus unterschiedlichen lokalen Bewertungen verschiedener Formen der Landnutzung; lokale, nationale und internationale Interessen können sich unterscheiden. Es bedarf sorgfältiger Beratung und Planung sowie eines kontinuierlichen Dialogs, der mit viel Feingefühl, Verständnis und Phantasie geführt werden muß (UNESCO 1984, S.20).

Die Entwicklung einer modernen Industriegesellschaft setzt einen gesellschaftlichen Konsens voraus. Entscheidungen von Politik und Verwaltung werden langfristig nur dann akzeptiert und von der Bevölkerung getragen, wenn sie sich im Einklang mit den Wertvorstellungen und Erwartungen unserer Gesellschaft entwickeln. Der Einsatz neuer Techniken und Innovationen kann nur durch offene Kommunikation Konsens finden; Kommunikation bedeutet demnach langfristige Existenzsicherung. Dies erfordert einen Dialog, der auf Kooperation und nicht auf Konfrontation angelegt ist (vgl. DRL 1995, S.31).

Die Öffentlichkeit setzt sich aus verschiedenen Gruppen zusammen, die aus unterschiedlichen, z.T. gegensätzlichen Motiven und Erwartungen an Biosphärenreservaten interessiert sind. Die Definition der Zielgruppen ist unabdingbar für die Erarbeitung von Konzepten für Öffentlichkeitsarbeit in Biosphärenreservaten. Dabei lassen sich mehrere, einander ergänzende Formen der Öffentlichkeitsarbeit mit verschiedenen Ansätzen und Methoden für die anzusprechenden Zielgruppen unterscheiden, die in den Biosphärenreservaten in Deutschland Anwendung finden sollen.

zu (37) Da Schutz, Pflege und Entwicklung eines Biosphärenreservates nur in Zusammenarbeit mit dessen Nutzern bzw. dessen Bevölkerung umgesetzt werden kann, muß um deren Mitwirkung geworben werden. Für die Akzeptanz eines Biosphärenreservates ist es deshalb notwendig, die Bevölkerung umfassend und regelmäßig zu informieren sowie in die Planung und Entscheidungsfindung einzubeziehen (vgl. Kriterium 40). In Informationsveranstaltungen (Bürgerforen, Expertenbefragungen etc.) sollen Ziele und Aufgaben des Biosphärenreservates diskutiert sowie Lösungsstrategien entwickelt und konkretisiert werden. Mit den Medien, insbesondere mit der Lokalpresse, ist eine intensive Zusammenarbeit anzustreben. Besondere Bedeutung kommt auch der Zusammenarbeit, z.B. mit Verbänden und Nutzergruppen sowie mit Bürgerinitiativen, zu (vgl. Abb. 4).

Jedes Biosphärenreservat sollte über ein griffiges Signet bzw. Logo mit hohem Wiedererkennungswert verfügen, das alle Veröffentlichungen, Faltblätter und Informationsmaterialien kennzeichnet ("corporate identity/design"), welche die Verwaltung des Biosphärenreservates herausgibt (AGBR 1995). Zielgruppen, die das Informationszentrum bisher nicht aufsuchen, sollen angesprochen werden. Informationsveranstaltungen sollen das Anliegen des Biosphärenreservates vermitteln. Forschungsergebnisse, Projekte und Maßnahmen für eine dauerhaft-umweltgerechte Entwicklung und andere Themen sollen in wissenschaftlichen

Direkte Öffentlichkeitsarbeit	Zusammenarbeit mit Meinungsbildnern	Kontaktpflege zu Medien und anderen Zielgruppen
• Besucherzentren • Führungen, Exkursionen, Vorträge, Ausstellungen • Veröffentlichungen in Tageszeitungen und Fachzeitschriften • Informations- und Werbematerialien (Broschüren, Faltblätter, Zeitung, Schriftenreihe, Dia-Serien, Filme, Videos, Poster, Aufkleber, Postkarten, Kalender)	• Veranstaltungen mit Meinungsbildnern • Gemeinsame Publikationen mit Meinungsbildnern • Zusammenarbeit mit Nutzergruppen (z.B. Fremdenverkehrs- u. Erzeugerverbänden) • Zusammenarbeit mit Bildungseinrichtungen	• Pressemitteilungen • Pressekonferenzen • Pressefahrten • Gesprächskreise • Ausstellungen • Wettbewerbe (z.B. "Jugend forscht")

Abb. 4: Aufgabenbereiche und Maßnahmen der Öffentlichkeitsarbeit der Biosphärenreservate in Deutschland (nach IMAGO 87, 1992)

Schriftenreihen publiziert und – soweit für einen größeren Kreis interessant – in populärwissenschaftlichen Broschüren und Magazinen einer breiteren Öffentlichkeit zugänglich gemacht werden.

zu (38) Landschaftsführer und Entwicklungsberater sind wichtige Multiplikatoren der Öffentlichkeitsarbeit. Sie können Gemeinden oder auch Einzelpersonen bei Planungen und Anhörungen beraten sowie über Fördermöglichkeiten im Biosphärenreservat informieren und Kontakte zu externen Experten herstellen. Entwicklungsberater betreiben somit direkte Öffentlichkeitsarbeit; ihre wichtigste Aufgabe ist es jedoch, Informationen zu vermitteln und als Ansprechpartner für die Bevölkerung zu dienen.

zu (39) Zum Ausgleich von Interessen soll die Verwaltung des Biosphärenreservates Berater einsetzen, die von den Beteiligten als sog. "Mediatoren" akzeptiert werden. Diese Mediatoren können als neutrale Sachverständige zwischen Konfliktparteien vermitteln, die Diskussion versachlichen, innovative Anstöße geben und somit zur Lösung von Zielkonflikten beitragen. Ziel muß es sein, Problemlösungen zu finden, die für alle Beteiligten akzeptabel sind. Der gefundene Konsens muß so tragfähig sein, daß die Verhandlungsergebnisse in praktisches Handeln umgesetzt werden können.

6. LITERATURVERZEICHNIS

AGBR [Ständige Arbeitsgruppe der Biosphärenreservate in Deutschland] (Hrsg.), 1995: Biosphärenreservate in Deutschland. Leitlinien für Schutz, Pflege und Entwicklung. - Berlin, Heidelberg u.a.

AG CIR (Arbeitsgemeinschaft Naturschutz der Landesämter, Landesanstalten und Landesumweltämter, Arbeitskreis CIR-Bildflug), 1995: Systematik der Biotoptypen- und Nutzungstypenkartierung (Kartieranleitung). Standard-Biotoptypen und Nutzungstypen für die CIR-luftbildgestützte Biotoptypen- und Nutzungstypenkartierung für die Bundesrepublik Deutschland. - Schriftenreihe für Landschaftspflege und Naturschutz 45

ANL (Akademie für Naturschutz und Landschaftspflege), 1985: Begriffe aus Ökologie, Umweltschutz und Landnutzung. - Informationen der Akademie für Naturschutz und Landschaftspflege 4 (2.Aufl.)

Arbeitskreis Forstliche Landespflege, 1991: Waldlandschaftspflege. Hinweise und Empfehlungen für Gestaltung und Pflege des Waldes in der Landschaft. - Landsberg/Lech

Biosphärenreservat Rhön, 1994: Rahmenkonzept. Bearbeiter: Planungsbüro Grebe, Landschafts- und Ortsplanung, Nürnberg. - Radebeul

BPA (Presse- und Informationsamt der Bundesregierung), 1992: Unsere Landwirtschaft. gestern – heute – morgen. - Bonn

Cansier D., 1993: Umweltökonomie. - Stuttgart, Jena

Deutsches MAB-Nationalkomitee (Hrsg.), 1991: Der Mensch und die Biosphäre. Internationale Zusammenarbeit in der Umweltforschung. - Bonn (2., veränderte Auflage)

Dietrichs B., Dietrichs H.-E., 1988: Die Berücksichtigung von Umweltbelangen in Raumordnung, Landes- und Regionalplanung. - Akademie für Raumforschung und Landesplanung, Beiträge 111

DRL (Deutscher Rat für Landespflege), 1995: Ökologische Umstellung in der industriellen Produktion – Steuerung von Stoffströmen zur Sicherung des Naturhaushaltes. - Schriftenreihe des Deutschen Rates für Landespflege 65, S.5-38

Ellenberg H., Fränzle O., Müller R., 1978: Ökosystemforschung im Hinblick auf Umweltpolitik und Entwicklungsplanung. - Kiel. Umweltforschungsplan des Bundesministers des Innern. Forschungsbericht 78-101 04 005 im Auftrag des Umweltbundesamtes

Fränzle O., Kuhnt D., Kuhnt G., Zölitz R., 1987: Auswahl der Hauptforschungsräume für das Ökosystemforschungsprogramm der Bundesrepublik Deutschland. - Kiel. Umweltforschungsplan des Bundesministers des Innern. Forschungsbericht 101 04 043/02 im Auftrag des Umweltbundesamtes

Fürst D., Kiemstedt H., Gustedt E., Ratzbor G., Scholles F., 1989: Umweltqualitätsziele für die ökologische Planung. - Forschungsbericht 109 01 008

Fürst D., 1990: Umweltqualitätsstandards im System der Regionalplanung? In: Landschaft + Stadt 22 (2), S.73-77

Gassner E., Winkelbrandt A., 1990: UVP - Umweltverträglichkeitsprüfung in der Praxis. Methodischer Leitfaden. - München

Goodland R., Daly H., el Serafy S., von Droste B. (Hrsg.), 1992: Nach dem Brundtland-Bericht: Umweltverträgliche wirtschaftliche Entwicklung. - Bonn

Haber W., 1979: Grundsätzliche Anmerkungen zum Problem der Pflege der Landschaft. In: Tagungsberichte der Akademie für Naturschutz und Landschaftspflege 5/79, S.87-105

Haber W., Lang R., Jessel B., Spandau L., Köppel J., Schaller J., 1993: Entwicklung von Methoden zur Beurteilung von Eingriffen nach § 8 Bundesnaturschutzgesetz. Bericht über das Forschungsvorhaben 101 09 026 im Auftrag des Bundesministers für Umwelt, Naturschutz und Reaktorsicherheit. - Baden-Baden

Hübler K.-H., Otto-Zimmermann K. (Hrsg.), 1989: Bewertung der Umweltverträglichkeit. Bewertungsmaßstäbe und Bewertungsverfahren für die Umweltverträglichkeitsprüfung. - Taunusstein

IIRV [Internationales Institut für Rechts- und Verwaltungssprache, Berlin] (Hrsg.), 1993: Umweltpolitik – Environmental Policy. - Köln, Berlin, Bonn, München

IMAGO 87, 1992: Ideensammlung/Kurzkonzeption zur Öffentlichkeitsarbeit der Allianz Stiftung zum Schutz der Umwelt. - Unveröff. Manuskr.

Kastenholz H.G., Erdmann K.-H., 1992: Positive Social Behaviour and the Environmental Crisis. In: The Environmentalist 12/3, S.181-186

Kerner H.F., Spandau L., Köppel J.G. (Hrsg.), 1991: Methoden zur angewandten Ökosystemforschung, entwickelt im MAB-Projekt 6 "Ökosystemforschung Berchtesgaden". - MAB-Mitteilungen 35.1 und 35.2

Keune H., 1990: Ökosystembeobachtung. Aufgabe von UNEP und UNESCO. In: MAB-Mitteilungen 33, S.13-14

Mayerl D., 1990: Die Landschaftspflege im Spannungsfeld zwischen gezieltem Eingreifen und natürlicher Entwicklung - Standort und Zielsetzung, Planung und Umsetzung in Bayern. In: Natur und Landschaft 65, S.167-175

Messerli P., 1986: Modelle und Methoden zur Analyse der Mensch-Umwelt-Beziehungen im alpinen Lebens- und Erholungsraum. Erkenntnisse aus dem schweizerischen MAB-Programm 1979-1985. - Schlußbericht Schweizerisches MAB-Programm 25, Bern

Meynen E., Schmithüsen J., 1959-62: Handbuch der naturräumlichen Gliederung Deutschlands. - Bonn-Bad Godesberg

Pokorny D., Spandau L., 1993: Forschung im Biosphärenreservat Rhön. Beitrag zum Schlußbericht Rahmenkonzept Biosphärenreservat Rhön. - Unveröff. Manuskr.

Schönthaler K., Kerner H.-F., Köppel J., Spandau L., 1994: Konzeption für eine Ökosystemare Umweltbeobachtung - Pilotprojekt für Biosphärenreservate. Umweltforschungsplan des Bundesministeriums für Umwelt, Naturschutz und Reaktorsicherheit, UFOPLAN-Nr. 101 04 0404/08. Im Auftrag des Umweltbundesamtes

Schröder W., 1989: Ökosystemare und statistische Untersuchungen zu Waldschäden in Nordrhein-Westfalen: Methodenkritische Ansätze zur Operationalisierung einer wissenschaftstheoretisch begründeten Konzeption. - Dissertation an der Christian-Albrechts-Universität zu Kiel

Schröder W., Garbe-Schönberg C.-D., Fränzle O., 1991: Die Validität von Umweltdaten - Kriterien für ihre Zuverlässigkeit: Repräsentativität, Qualitätssicherung und -kontrolle. In: Umweltwissenschaften und Schadstoff-Forschung. Zeitschrift für Umweltchemie und Ökotoxikologie 3, S.237-241

Solbrig O.T., 1994: Biodiversität. Wissenschaftliche Fragen und Vorschläge für die internationale Forschung. - Bonn

Spandau L., Heilmaier G., 1992: Konzeption einer Betriebsgesellschaft für das Biosphärenreservat Spreewald. In: Berichte der Bayerischen Akademie für Naturschutz und Landschaftspflege 16, S.99-104

SRU (Der Rat von Sachverständigen für Umweltfragen), 1987: Umweltgutachten 1987. - Stuttgart, Mainz

SRU (Der Rat von Sachverständigen für Umweltfragen), 1990: Allgemeine ökologische Umweltbeobachtung. Sondergutachten. - Wiesbaden

SRU (Der Rat von Sachverständigen für Umweltfragen), 1994: Umweltgutachten 1994 – für eine dauerhaft-umweltgerechte Entwicklung. - Wiesbaden

Ssymank A., 1994: Neue Anforderungen im europäischen Naturschutz. Das Schutzgebietssystem NATURA 2000 und die "FFH-Richtlinie" der EU. In: Natur und Landschaft 69, S.395-406

Storm P.-C., Bunge Th., (Hrsg.), 1989-1995: Handbuch der Umweltverträglichkeitsprüfung (HdUVP). Ergänzbare Sammlung der Rechtsgrundlagen, Prüfungsinhalte und -methoden für Behörden, Unternehmen, Sachverständige und die juristische Praxis. - Berlin

Strunz H., 1993: Über Sinn und Unsinn von Zonierungen in Nationalparken. In: Nationalpark 2/93, S.20-25

Tinbergen J., Hueting R., 1992: Bruttosozialprodukt und Marktpreise. Falsche Signale, die die Umweltzerstörung kaschieren. In: Goodland R., Daly H., el Serafy S., von Droste B. (Hrsg.): Nach dem Brundtland-Bericht: Umweltverträgliche wirtschaftliche Entwicklung. - Bonn, S.51-57

UBA (Umweltbundesamt), 1992: Daten zur Umwelt 1990/91. - Berlin

UMK (Umweltministerkonferenz), 1991: Ergebnisniederschrift zur 37. Umweltministerkonferenz am 21./22. November 1991 in Leipzig; TOP 12.24 Ökosystemare Umweltbeobachtung (BE: Hamburg, Saarland, Bund). - Düsseldorf

UNESCO (Ed.), 1972: International Co-ordinating Council of the Programme on Man and the Biosphere (MAB). First Session. - MAB Report Series 15

UNESCO (Ed.), 1974: Task Force on: Criteria and Guidelines for the Choice and Establishment of Biosphere Reserves. Final Report. - MAB Report Series 22

UNESCO (Ed.), 1984: Action plan for biosphere reserves. In: Nature and Ressources 20/4, S.11-22

UNESCO (Ed.), 1993: International Co-ordinating Council of the Programme on Man and the Biosphere (MAB). Twelfth Session. - MAB Report Series 63

UNESCO (Ed.), 1995a: Statutatory Framework of the World Network of Biosphere Reserves. - Paris

UNESCO (Ed.), 1995b: Seville Strategy. - Paris

Vetter L., 1989: Evaluierung und Entwicklung statistischer Verfahren zur Auswahl von repräsentativen Untersuchungsobjekten für ökotoxikologische Problemstellungen. - Dissertation an der Christian-Albrechts-Universität zu Kiel

7. ANHANG

7.1 Glossar

Areal (area): Raum, der von den Individuen einer Art (Population) entsprechend ihrer Lebensansprüche bewohnt werden kann. (ANL 1985, S.10)

Artenvielfalt (species diversity): Ausdruck für die Qualität der Artenzusammensetzung einer Biozönose. (ANL 1985, S.10)

Biodiversität (biodiversity): vgl. "biologische Vielfalt" (biological diversity)

biologische Vielfalt (biological diversity): Eigenschaft von Gruppen oder Klassen lebender Entitäten, nicht einheitlich zu sein. D.h., jede Klasse von Entitäten – Gen, Zelle, Einzellebewesen, Art, Lebensgemeinschaft oder Ökosystem – enthält mehr als nur einen Typ (Solbrig 1994).

Biosphäre (biosphere): Der von Organismen bewohnbare Raum der Erde und Erdhülle. (ANL 1985, S.13)

Biotop (habitat, biotope): Durch abiotische Standortmerkmale geprägte Lebensstätte einer Biozönose (synökologischer Begriff in Abgrenzung zu Habitat). (ANL 1985, S.14)

Biozönose (biocoenosis, biotic community): Gemeinschaft der an einem Biotop regelmäßig vorkommenden Lebewesen verschiedener Arten, die untereinander und mit den anderen Arten in Wechselbeziehungen stehen. (ANL 1985, S.14)

Diversität (diversity): Auf die Organismenzahl, eine Biozönose, ein Ökosystem oder eine Raumeinheit bezogenes Maß für die Vielfalt von Erscheinungsformen (Arten und Strukturen) und die Gleichmäßigkeit ihrer Verteilung. (ANL 1985, S.15)

Geographisches Informationssystem (geographic information system): dient im Rahmen der Umweltbeobachtung zur Datenspeicherung, hilft bei der Auswertung der erhobenen Daten und Extrapolation von Beobachtungsergebnissen und unterstützt die Auswahl der Probeflächen für die Ökologische Umweltbeobachtung. (Schönthaler et al. 1994)

Grenzwert (limiting value, limit value): Wert, der nicht überschritten werden soll; er kann gesetzlich festgelegt oder zum Zwecke der Orientierung festgelegt sein (Richtwert). Probenahme-, Analysen- und Auswertungsverfahren müssen ebenfalls festgelegt werden. (IIRV 1993, S.93)

inhaltliche Arbeitsteilung (division of labour according to environmental issues): bezeichnet die Abstimmung der Biosphärenreservate für die inhaltliche Organisation der regionalisierten Umweltbeobachtung. (Schönthaler et al. 1994)

Kerndaten(satz) (core data set): wird an allen ÖUB-Standorten harmonisiert, d.h. mit möglichst übereinstimmenden Methoden und Meßintervallen erhoben. Der Kerndatensatz beinhaltet Ökosystemgrößen aus allen Modellbereichen und garantiert damit den integrierten Beobachtungsansatz. (Schönthaler et al. 1994)

Kulturlandschaft (cultural landscape, manmade landscape): Überwiegend durch anthropogene Ökosysteme gebildete Landschaft. (ANL 1985, S.20)

Kulturpflanze (cultivated plant): Vom Menschen planmäßig angebaute und der Auslese oder Züchtung unterworfene Pflanzenart. (ANL 1985, S.20)

Landschaft (landscape): Nach Struktur (Landschaftsbild) und Funktion (Landschaftshaushalt) geprägter, als Einheit aufzufassender Ausschnitt der Erdoberfläche, aus einem Ökosystemgefüge oder Ökotopengefüge bestehend. Eine Naturlandschaft wird überwiegend von naturbetonten, eine Kulturlandschaft überwiegend von anthropogenen Ökosystemen eingenommen. (ANL 185, S.21)

Landschaftspflege (landscape management): Gesamtheit der Maßnahmen zur Sicherung der nachhaltigen Nutzungsfähigkeit der Naturgüter sowie der Vielfalt, Eigenart und Schönheit von Natur und Landschaft (ANL 1985, S.22). Die Landschaftspflege zielt auf den Schutz der Umwelt des Menschen, wobei neben dem Naturraumpotential auch Wohn-, Industrie-, Forst-, Agrar- und Erholungsgebiete Gegenstand landschaftspflegerischer Aufgabe sind (DRL 1995, S.36).

Landschaftsplanung (landscape planning): Raumbezogenes Planungsinstrument auf gesetzlicher Grundlage zur Verwirklichung der Ziele von Naturschutz und Landschaftspflege in besiedelter und unbesiedelter Landschaft, gegliedert in Landschaftsprogramm, Landschaftsrahmenplan und Landschaftsplan. (ANL 1985, S.22)

Landschaftsschutzgebiet (environmentally sensitive area, area of outstanding natural beauty): nach deutschem Recht Gebiete, die für die Erhaltung oder Wiederherstellung der Leistungsfähigkeit des Naturhaushalts, den Schutz der Vielfalt, Eigenart und Schönheit des Landschaftsbildes und die Erholung erforderlich sind. (IIRV 1993, S.161)

Leistungsfähigkeit des Naturhaushaltes (efficiency of a natural system and ist productivity): Das Leistungsvermögen des Naturhaushaltes an Stoffen, Strukturen und Funktionen. (ANL 1985, S.23)

Nachhaltigkeit (sustainability): a) In der Landwirtschaft: Die Fähigkeit eines lebenden Systems, bei Nutzung und Ausgleich der Verluste dauerhaft gleiche Leistungen zu erbringen, ohne sich zu erschöpfen. b) In der Forstwirtschaft: Das Streben und die Forderung nach stetiger und optimaler Bereitstellung sämtlicher materieller und immaterieller Waldleistungen zum Nutzen gegenwärtiger und zukünftiger Generationen. c) In Naturschutz und Landespflege: Dauerhafte Erhaltung der Funktionsfähigkeit/Leistungsfähigkeit der Ökosysteme auch während der Nutzung durch den Menschen. (DRL 1995, S.36)

Nationalpark (national park): großräumiges Schutzgebiet für die Erhaltung eines artenreichen heimischen Tier- und Pflanzenbestandes, das überwiegend die Voraussetzungen eines Naturschutzgebietes erfüllt. (IIRV 1993, S.163)

Natürlichkeitsgrad (degree of naturalness): Abstufung des menschlichen Einflusses auf ein Ökosystem oder eine Biozönose. In Anlehnung an Westhoff werden unterschieden: natürlich: Ohne direkten Einfluß entstanden, vom Menschen nicht verändert; naturnah: Ohne direkten menschlichen Einfluß entstanden, durch menschliche Einflüsse nicht wesentlich verändert; halbnatürlich: Unter menschlichem Einfluß entstanden, aber nicht absichtlich geschaffen, und von diesem Einfluß abhängig (z.B. Streuwiesen, Trockenrasen, viele Zwergstrauchheiden); naturbetont: Zusammenfassung der drei vorausgehenden Kategorien; anthropogen, naturfern: Vom Menschen bewußt geschaffen und von ihm vollständig abhängig. (ANL 1985, S.26)

Natürliche Ressourcen (natural resources): In der Natur für die Nutzung verfügbarer Stoff oder Organismus: Boden, Bodenschätze, Luft, Wasser, Pflanzen und Tiere. (ANL 1985, S.26)

Naturhaushalt (ecosystem energetics, ecosystem dynamics): Allgemeine Bezeichnung für das Beziehungs- und Wirkungsgefüge von Lebewesen und ihrer unbelebten Umwelt in der Biosphäre oder Teilen davon. (ANL 1985, S.27)

Naturnaher Waldbau (near-natural silviculture): Begründung, Pflege und Ernte von Wäldern mit dem Ziel, ökologische Stabilität und Gleichmäßigkeit der Waldfunktionen durch Wahl der Baumarten und des Bestandsaufbaus gemäß der potentiellen natürlichen Vegetation zu erreichen. (ANL 1985, S.27)

Naturpark (nature park): nach deutschem Recht ist der Naturpark eine großräumige, überwiegend aus Landschaftsschutz- oder Naturschutzgebieten bestehende Fläche, die sich landschaftlich besonders für Erholung oder

Tourismus eignet und hierfür ausgewiesen ist. (IIRV 1993, S.163)

Naturraum (unspoilt countryside, Landscape region, ecological region): Physisch-geographische Raumeinheit mit typischen Landschaften, Bio- und Ökotypen. (ANL 1985 S.27)

Naturschutz (nature conservation): a) Gesamtheit der Maßnahmen zur Erhaltung und Förderung von Pflanzen und Tieren wildlebender Arten, ihrer Lebensgemeinschaften und natürlichen Lebensgrundlagen sowie zur Sicherung von Landschaften und Landschaftsteilen unter natürlichen Bedingungen. b) Im allgemeinen Sprachgebrauch auch: Kurzbezeichnung für Naturschutz und Landschaftspflege. (ANL 1985, S.27)

Naturschutzgebiet (National Nature Reserve, Marine Nature Reserve): Naturschutzgebiet ist nach deutschem Recht die strengste Kategorie eines Schutzgebietes. Es dient

▼ der Erhaltung von Lebensgemeinschaften oder Biotopen wildlebender Tier- und Pflanzenarten und der besonderen Eigenart oder Schönheit des Gebietes sowie

▼ wissenschaftlichen Zwecken. Schwächere Kategorien sind in der Reihenfolge Nationalparks, Landschaftsschutzgebiete, Naturparks und Naturdenkmale. (IIRV 1993, S.164)

Ökosystem (ecosystem): Wirkungsgefüge aus Lebewesen, unbelebten natürlichen und vom Menschen geschaffenen Bestandteilen, die untereinander und mit ihrer Umwelt in energetischen, stofflichen und informatorischen Wechselwirkungen stehen. (ANL 1985, S.31)

Ökosystemgrößen (ecosystem variables): sind die Grundbausteine des Ökosystemmodells. Sie werden im Ökosystemmodell mit ihren funktionalen Beziehungen zueinander dargestellt. (Schönthaler et al. 1994)

Ökosystemtypen (ecosystem types): sind für die gesamte Bundesrepublik Deutschland harmonisiert im Ökosystemtypenschlüssel des Arbeitskreises CIR-Bildflug (AG CIR 1995) dargestellt. Anhand der Ökosystemtypen wird u.a. die räumliche Arbeitsteilung der Biosphärenreservate in der ÖUB organisiert. (Schönthaler et al. 1994)

Population (population): Gesamtheit der Individuen einer Art mit gemeinsamen genetischen Gruppenmerkmalen innerhalb eines bestimmten Raumes. (ANL 1985, S.34)

Räumliche Arbeitsteilung (division of labour according to ecosystem-types): bezeichnet den Abstimmungsprozeß der Biosphärenreservate für die räumliche Organisation der regionalisierten Umweltbeobachtung. Die Biosphärenreservate konzentrieren ihre Aktivitäten im Rahmen der ÖUB dabei auf ausgewählte Ökosystemtypen. (Schönthaler et al. 1994)

Rote Listen (register of endangered species, Red Data Book): offizielle Bilanz des Artenschwundes in der Bundesrepublik, die nicht als abgeschlossenes, sondern fortlaufend ergänztes Dokument zu betrachten ist, d.h. von Fachwissenschaftlern ständig überarbeitet wird. In den Roten Listen werden alle heimischen Tier- und Pflanzenspezies aufgeführt, die im Bestand gefährdet oder vom Aussterben bedroht sind. (UBA 1992, S.673)

Routinemeßprogramme ([standardized] monitoring programmes): sind internationale oder nationale Programme zur Umweltbeobachtung, die heute besonders sektorale Messungen beinhalten. Sie sollen, wenn möglich, in das Konzept einer harmonisierten ökologischen Umweltbeobachtung räumlich und inhaltlich eingebunden werden. (Schönthaler et al. 1994)

Sukzession (ecological succession): Aufeinanderfolge von Arten bzw. Lebensgemeinschaften eines Biotops, die von einem Pionierstadium zu einem sich selbst erhaltenden Stadium des Fließgleichgewichtes (Klimax) führt. (ANL 1985, S.37)

Umweltqualitätsziele (environmental quality targets, ecological targets): Politisch definierte, auf Immissionen bzw. Betroffene bezogene Ziele über zu erreichende Niveaus der Umweltgüte. (nach Fürst 1990, S.73)

Umweltstandards (environmental quality standards): Operationalisierte, d.h. in meßbare Indikatoren und zugeordnete Werteniveaus umgesetzte Umweltqualitätsziele. (nach Fürst 1990, S.73)

Vertragslandwirtschaft (contract farming): Unter ihr ist eine auf vertraglicher Basis abgesicherte enge Zusammenarbeit zwischen Landwirt und Abnehmer zu verstehen. Während der Landwirt die vereinbarte Menge eines Produktes in der festgelegten Qualität zum bestimmten Termin liefern muß, verpflichtet sich der Vertragspartner zur Abnahme der Ware, oft zu einem vorher vereinbarten Preis. (BPA 1992, S.97)

Waldbau (silviculture): Planmäßige Begründung, Erziehung, Pflege und Verjüngung von Wäldern zur Erreichung der Betriebs- und Wirtschaftsziele, Schutzfunktionen und Sozialleistungen unter Beachtung der Nachhaltigkeit. (ANL 1985, S.39)

7.2 Abkürzungsverzeichnis

AGBR:	Ständige Arbeitsgruppe der Biosphärenreservate in Deutschland
AG CIR:	Arbeitsgemeinschaft Naturschutz der Landesämter, Landesanstalten und Landesumweltämter, Arbeitskreis CIR-Bildflug
BMU:	Bundesministerium für Umwelt, Naturschutz und Reaktorsicherheit
BNatSchG:	Bundesnaturschutzgesetz
BRIM:	Biosphere Reserve Integrated Monitoring
CIR:	Color-Infrarot
CORINE:	Cooriented Information on the European Environment
DRL:	Deutscher Rat für Landespflege
GEMS:	Global Environment Monitoring System
GIS:	Geographisches Informationssystem
GRID:	Global Resource Information Database
IBP:	International Biological Programme
ICC:	International Co-ordinating Council
IUCN:	International Union for Conservation of Nature and Natural Resources
LANA:	Länderarbeitsgemeinschaft für Naturschutz, Landschaftspflege und Erholung
LANIS:	Landschaftsinformationssystem
MAB:	Man and Biosphere ("Der Mensch und die Biosphäre")
ÖUB:	Ökologische Umweltbeobachtung
SRU:	Der Rat von Sachverständigen für Umweltfragen
UBA:	Umweltbundesamt
UMK:	Umweltministerkonferenz
UNCED:	Konferenz für Umwelt und Entwicklung der Vereinten Nationen
UNEP:	United Nations Environmental Programme
UNESCO:	United Nations Educational, Scientific and Cultural Organization

7.3 Biosphere Reserve Nomination Form

BIOSPHERE RESERVE NOMINATION FORM
[September 1994]

Characteristics of Biosphere Reserves:

Biosphere Reserves are protected areas of representative terrestrial and coastal environments which have been internationally recognized within the framework of UNESCO's Programme on Man and the Biosphere (MAB) for their value in conservation and in providing the scientific knowledge, skills and human values to support sustainable development. Biosphere Reserves are united to form a worldwide network which facilitates sharing of information relevant to the conservation and management of natural and managed ecosystems.

Objectives and functions of Biosphere Reserves:

Biosphere Reserves are designed to play three basic roles relating to conservation, development and logistic support for comparative research and monitoring.

a) **Conservation role**: Biosphere Reserves provide non-conventional protection of indigenous genetic resources, plant and animal species, ecosystems and landscapes of value for the conservation of the world's biological diversity.

b) **Development role**: Biosphere Reserves seek to combine conservation concerns with sustainable use of ecosystems resources through close co-operation with local communities, taking advantage of traditional knowledge, indigenous products and appropriate land management.

c) **Logistic role**: Biosphere Reserves are linked through a global network; they provide facilities for research, monitoring, education and training for local purposes as well as for international or regional comparative research and monitoring programmes.

While the relative importance of these three basic roles will vary from case to case, it is their **combined presence** which characterizes the distinctive feature of Biosphere Reserves. The articulation of these three roles is translated on the ground through a **zonation pattern** including a core area (or areas) devoted to strict protection according to pre-established conservation objectives, surrounded by or contiguous with a delineated buffer zone (or zones) where only activities compatible with the conservation objectives can take place, itself surrounded by a broadly defined transition area where co-operation with the population and sustainable resources management practices are developed.

> **Note:**
>
> The information presented on this nomination form will be used in a number of ways by UNESCO:
>
> (a) for examination of the site by the Advisory Committee on Biosphere Reserves;
>
> (b) for the exchange of information about Biosphere Reserves among those interested in the MAB Programme throughout the world;
>
> (c) for computerized data bases on Biosphere Reserves within the MAB Information System.
>
> For these purposes, the nomination form must be completed as precisely and exhaustively as possible. The text in square brackets is provided as a guidance in assisting the MAB National Committees and nominating authorities in completing particular sections of the Biosphere Reserve Nomination Form. Additional background information on Biosphere Reserves is provided in the "Action Plan for Biosphere Reserves" (see Journal *Nature and Resources*, Vol. XX, No. 4, Oct.-Dec. 1984) and in the "Practical Guide to MAB" (UNESCO-MAB, June 1987). As limited space is provided for responses on the nomination form, you may wish to use additional sheets as necessary. The form completed in English, French or Spanish should be sent in triplicate <u>with supporting documents and maps</u> to:
>
> > UNESCO
> > Division of Ecological Sciences
> > 1, rue Miollis
> > F-75352 Paris CEDEX 15, France

1. PROPOSED NAME OF THE BIOSPHERE RESERVE:

[Geographic names are strongly encouraged (e.g. Rio Platano Biosphere Reserve, Mount Olympus Biosphere Reserve). Except in unusual circumstances, Biosphere Reserves should not be named after existing national parks or similar administrative areas]

___

2. UNITS OF THE PROPOSED BIOSPHERE RESERVE:

[Indicate the name of the different protected areas (as appropriate) making up the core area(s) and the buffer zone(s)]

___

3. COUNTRY: _____

4. STATE, PROVINCE, REGION OR OTHER ADMINISTRATIVE UNITS:

[List in hierarchical order administrative division(s) in which the proposed Biosphere Reserve is located (e.g. state(s), counties, districts)]

___

___

5. MAJOR PURPOSES AND RATIONALE FOR DESIGNATING THE AREA AS A BIOSPHERE RESERVE:

[Explain briefly why the area is proposed as a Biosphere Reserve and to what extent it is meant to fulfill the three basic roles of Biosphere Reserves]

5.1 General:

_____
_____
_____
_____
_____

5.2 Conservation role:

_____
_____
_____
_____
_____

5.3 Development role:

_____
_____
_____
_____
_____

5.4 Logistic role:

_____
_____
_____
_____
_____

6. LATITUDES AND LONGITUDES OF AREA:

[Indicate in degrees - minutes, seconds - not in grades; if adequate, indicate coordinates of the outer delimitations of proposed biosphere reserve, otherwise indicate centre point]

_____
_____

7. SIZE AND SPATIAL CONFIGURATION (see map):

[A *BIOSPHERE RESERVE ZONATION MAP* of a larger scale (1:25,000 or 1:50,000) showing the delimitations of all core area(s) and buffer zone(s) must be provided. The approximate extent of the transition area(s) should be shown, if possible. While large scale and large format maps in colour are advisable for reference purposes, it is recommended to also enclose 1 Biosphere Reserve zonation map in a A-4 writing paper format in black & white for easy photocopy reproduction. An additional detailed text must be provided with the map explaining the rationale for the zonation of the proposed Biosphere Reserve.]

7.1 Size of terrestrial Core Area(s): _____ ha;
If appropriate, size of marine Core Area(s); _____ ha.

7.2 Size of terrestrial Buffer Zone(s): _____ ha;
If appropriate, size of marine Buffer Zone(s); _____ ha.

7.3 Approx. size of terrestrial Transition Area(s) (if applicable): _____ ha;
If appropriate, approx. size of marine Transition Area(s); _____ ha.

7.4 Brief justification of this zonation (in terms of the various roles of biosphere reserves) as it appears on the zonation map (para 24):

_____
_____
_____
_____
_____
_____
_____
_____
_____
_____
_____
_____
_____
_____

8. BIOGEOGRAPHICAL PROVINCE(S):

[Indicate the generally accepted name of the biogeographical region in which the proposed Biosphere Reserve is located. You may wish to use the numerical code and name of the biogeographical province (e.g., 2.1.2 Chinese Subtropical Forest from the lists in Udvardy, M.D.F. 1975: Classification of the Biogeographical Provinces of the World (IUCN Occasional Paper 18). Copies of this report are available from the UNESCO-MAB Secretariat. If inappropriate or not known, please indicate major ecosystem type(s) or habitat(s)]

_____
_____

9. HUMAN POPULATION OF PROPOSED BIOSPHERE RESERVE:

[Approximate number of people living within the Biosphere Reserve]

permanently / seasonally

9.1 Core Area(s): _____ / _____

9.2 Buffer Zone(s): _____ / _____

9.3 Transition Area(s): _____ / _____

9.4 Brief description of local communities living within or near the proposed Biosphere Reserve:

[Indicate ethnic origin and composition, minorities etc., their main economic activities (e.g. pastoralism) and the location of their main areas of concentration, with reference to a map if necessary]

_____
_____
_____
_____
_____
_____
_____
_____
_____

9.5 Name(s) of nearest major town(s): _____

10. TENURE OF PROPOSED BIOSPHERE RESERVE:

[Percentage of ownership in terms of national, state/provincial, local government, private, etc.]:

10.1 Core Area(s): _____
_____

10.2 Buffer Zone(s): _____
_____

10.3 Transition Area(s): _____
_____

10.4 Foreseen changes in land tenure:

[Is there a land acquisition programme, e.g. to purchase private lands, or plans for privatisation of state-owned lands?]

_____
_____
_____

11. LEGAL PROTECTION OF CORE AND BUFFER ZONES

[Indicate the type (e.g. under national legislation and date since when the legal protection came into being and provide justifying documents (with English or French summary of the main features) as mentioned in section 24 in an annex, and the authority in charge of its enforcement]

11.1 Core Area(s): _____
_____
_____
_____
_____

11.2 Buffer Zone(s): _____

_____
_____
_____
_____

12. AUTHORITY IN CHARGE OF ADMINISTRATION:

[Indicate the name of the authority/ies in charge of administering its legal powers (in original language with English or French translation]

12.1 - the proposed biosphere reserve as a whole:

Name: _____

Legal powers:
_____
_____

12.2 - the core area(s):

Name: _____

Legal powers:
_____
_____

12.3 - the buffer zone:

Name: _____

Legal powers:
_____
_____

12.4 Mechanisms of consultation and coordination among these different authorities:
_____
_____
_____
_____

12.5 Where appropriate, National (or State, or Provincial) adminstrations to which the proposed biosphere reserve reports:
_____
_____

13. PHYSICAL CHARACTERISTICS

13.1 Site characteristics and topography of area:
[Briefly describe the major topographic features (wetlands, marshes, mountain ranges, dunes etc) which most typically characterize the landscape of the area.]

_____
_____
_____
_____
_____
_____
_____
_____
_____
_____
_____
_____
_____
_____
_____

13.1.1 Highest elevation above sea level: _____ meters

13.1.2 Lowest elevation above sea level: _____ meters

13.1.3 For coastal/marine areas, maximum depth below mean sea level: _____ meters

13.2 Climate:
[Briefly describe the climate of the area using one of the common climate-classifications]

_____
_____

13.2.1 Average temperature of the warmest month: _____ °C

13.2.2 Average temperature of the coldest month: _____ °C

13.2.3 Mean annual precipitation: _____ mm, recorded at an elevation of _____ meters

13.2.4 If a meteorological station is in or near the proposed Biosphere Reserve, indicate the year since when climatic data have been recorded:
a) manually: _____
b) automatically: _____
c) Name and location of station:_____

13.3 Geology, geomorphology, soils:

[Briefly describe important formations and conditions, including bedrock geology, sediment deposits, and important soil types]

_____
_____
_____
_____
_____
_____
_____

14. HABITATS AND CHARACTERISTIC SPECIES:

[List main habitat types (e.g. tropical evergreen forest, savanna woodland, alpine tundra, coral reef, kelp beds) and land cover (e.g. residential areas, agricultural land, pastoral land). For each type circle REGIONAL if the habitat is widely distributed within the biogeographical province within which the proposed Biosphere Reserve is located to assess the habitat's representativeness. Circle LOCAL if the habitat is of limited distribution within the proposed Biosphere Reserve to assess the habitat's uniqueness. For each habitat type, list characteristic species and describe important natural processes (e.g. tides, sedimentation, glacial retreat, natural fire) or human impacts (e.g. grazing, selective cutting, agricultural practices) controlling the structure of the ecosystem. Refer to the map as appropriate.]

DISTRIBUTION

14.1 Type of habitat: _____ Regional/Local

14.1.1 Main species:

_____
_____
_____
_____

14.1.2 Important natural processes:

_____
_____
_____

14.1.3 Main human impacts:

_____
_____
_____
_____

14.1.4 Relevant habitat management practices:

_____
_____
_____

                                                                    DISTRIBUTION
14.2   Type of habitat: _____ Regional/Local

14.2.1   Main species:
_____
_____
_____
_____

14.2.2   Important natural processes:
_____
_____
_____

14.2.3   Main human impacts:
_____
_____
_____
_____

14.2.4   Relevant habitat management practices:
_____
_____
_____

                                                                    DISTRIBUTION
14.3   Type of habitat: _____ Regional/Local

14.3.1   Main species:
_____
_____
_____
_____

14.3.2   Important natural processes:
_____
_____
_____

14.3.3 Main human impacts:
_____
_____
_____
_____

14.3.4   Relevant habitat management practices:

                                                                    DISTRIBUTION
14.4   Type of habitat: _____ Regional/Local

14.4.1   Main species:

14.4.2   Important natural processes:

14.4.3   Main human impacts:

14.4.4   Relevant habitat management practices:

15.   CONSERVATION VALUE

15.1   Habitats of particular value to conservation:
[Describe and give location of any unique or exceptionally important habitats and indicate why they are important for conservation]

15.2 Endangered or threatened plant or animal species:
[Identify species (with scientific names) or groups of species of particular interest for conservation, in particular if they are threatened with extinction; use additional sheets if need be.]

___

15.3 Species of traditional or commercial importance:
[Indicate use(s) of these species or varieties]

___

16. CULTURAL SIGNIFICANCE:
[Briefly describe the proposed Biosphere Reserve's importance in terms of cultural values (religious, historical, political, social, ethnological)]

___

17. RESEARCH AND MONITORING (see also annex):
[Research and monitoring are primary functions of Biosphere Reserves. Indicate to which extent the research programmes are of local/national importance and/or of international importance]

17.1 Brief description of past research and/or monitoring activities with indication of date since when abiotic data (climatology, hydrology, geomorphology), biotic data (flora, fauna) and socio-economic data (demography and economics) have been recorded:

17.1.1 Abiotic research and monitoring

17.1.2 Biotic research and monitoring

17.1.3 Socio-economic research

17.2 Brief description of on-going research and/or monitoring activities:

17.2.1 Abiotic research and monitoring

17.2.2 Biotic research and monitoring

17.2.3 Socio-economic research

17.3 Brief description of planned research and/or monitoring activities:

17.3.1 Abiotic research and monitoring

_____
_____
_____
_____

17.3.2 Biotic research and monitoring

_____
_____
_____
_____

17.3.3 Socio-economic research

_____
_____
_____
_____

17.4 Estimated number of <u>national</u> scientists participating in research within the proposed Biosphere Reserve on

a permanent basis: _____ ; and on

an occasional basis: _____

17.5 Estimated number of <u>foreign</u> scientists participating in research within the proposed Biosphere Reserve on

a permanent basis: _____ ; and on

an occasional basis: _____

17.6 Research station(s) <u>within</u> the proposed Biosphere Reserve:
[If a permanent or temporary research station exists within the proposed Biosphere Reserve, indicate its location, official name and address; indicate also if the research station is permanent or temporary]
_____
_____

[...] = permanent;   [...] = temporary

17.7 Permanent research station(s) <u>outside</u> the proposed Biosphere Reserve:
[If no permanent research station exists within the proposed Biosphere Reserve, indicate the location, distance to the core area, name and address of the most relevant research station]
_____
_____
_____

17.8 Research facilities of research station(s) (meteorological and/or hydrological station, experimental plots, laboratory, library, vehicles, computers etc.):

_____
_____
_____
_____
_____
_____
_____
_____

17.9 Other facilities (e.g. facilities for lodging or for overnight accommodation for scientists etc.):

_____
_____
_____

18. ENVIRONMENTAL EDUCATION AND TRAINING:

[Environmental education and training programmes can be geared towards schoolchildren and students; graduate and postgraduate research projects for students; professional training and workshops for scientists; professional training and workshops for resource managers and planners; extension services to local people; demonstration projects in conservation and rational use of natural resources; interpretative programmes for tourists; nature trails; ecomuseum; training for staff in protected area management]

18.1 Indicate type of education/training activities and target groups:

_____
_____
_____
_____
_____

18.2 Indicate facilities for education and training activities:

_____
_____
_____
_____
_____

19. USES AND ACTIVITIES

19.1 Uses or activities in the Core Area(s):

[While the Core Area is intended to be strictly protected, certain activities and uses may be occurring or allowed, consistent with the conservation objectives of the Core Area (indicate those that apply)]

_____
_____
_____
_____
_____
_____
_____

Possible adverse effects on the core area(s) of uses or activities occuring within or outside the core area(s):

_____
_____
_____
_____
_____
_____
_____

19.2   Main land uses and economic activities in the buffer zone(s):

[Buffer Zones may support a variety of uses which promote the multiple roles of a Biosphere Reserve while helping to ensure the protection and natural evolution of the core area(s). Indicate - in order of priority - the main land uses, economic and other activities which characterize the Buffer Zone(s)]

_____
_____
_____
_____
_____
_____

Possible adverse effects on the buffer zone(s) of uses or activities occurring within or outside the buffer zone(s):

_____
_____
_____
_____
_____

19.3   Main land uses and major economic activities in the Transition Area(s):

[The Transition Area often supports a wide range of uses and activities characteristic of the region. These uses and activities largely determine the possibilities for research and demonstration activities to support sustainable regional development. Indicate the main land-uses, major economic and other activities which characterize the Transition Zone(s)]

_____
_____
_____
_____
_____
_____
_____

Possible adverse effects of uses or activities on the Transition Area(s):

_____
_____
_____
_____
_____

19.4   If known, give a brief summary of past/historical land use(s) of the main parts of the Biosphere Reserve:

_____
_____
_____
_____
_____
_____
_____

20.   DEVELOPMENT AND INCOME GENERATION

20.1   Development potential:

[The rational use of natural resources for sustainable development is often crucial for the success of a Biosphere Reserve. Describe briefly the major development potential - combining environmental conservation with economic development - which could apply for the proposed Biosphere Reserve]

_____
_____
_____
_____
_____
_____

20.2 If tourism is a major activity, how many visitors come to the proposed Biosphere Reserve each year? _____

20.3 Type(s) of tourism:
_____
_____

20.4 Indicate positive and/or negative impacts of tourism at present or foreseen:
_____
_____

20.5 Benefits to local people:
[Indicate the benefits of the designation of the area as a Biosphere Reserve for the local population]
_____
_____
_____
_____
_____

20.6 Local organizational arrangements:
[Indicate how and to what extent local people living within or near the proposed Biosphere Reserve are involved in decision-making processes and resource management. Indicate also if it is intended to develop a "common ground" agenda for biosphere reserve activities among the owners of sites, managers of programmes, research and education personnel, and residents of biosphere reserve]
_____
_____
_____
_____

21. MANAGEMENT PLAN OR POLICY AND IMPLEMENTATION MECHANISMS
[A comprehensive land use and management plan or policy is required for all new Biosphere Reserve nominations and should be submitted together with supporting documents. Briefly describe the main features of the land use and management plan and indicate the modalities for the implementation of these plans]

21.1 Year of start of implementation of management plan:_____

21.2 Main features of land use and management plan:
_____
_____
_____

_____
_____
_____
_____
_____
_____
_____
_____
_____
_____

21.3   Total number of staff of proposed Biosphere Reserve: _____

[Provide estimates of the total existing number of personnel, including part-time personnel, working at the proposed Biosphere Reserve]

    21.3.1   Of which number of staff for administrative and resource management:
           a) permanent: _____
           b) part-time: _____

    21.3.2   Of which number of national staff for research:
           a) permanent: _____
           b) part-time: _____

    21.3.3   Of which number of technical support staff:
           a) permanent: _____
           b) part-time: _____

21.4   Financial source(s) and yearly budget:

[Biosphere Reserves require technical and financial support for their management and for addressing interrelated environmental, land use, and socio-economic development problems. Indicate the source and the relative percentage of the funding (e.g. from national, regional, local administrations, private funding, international sources etc.) and the estimated yearly budget in the national currency]

_____
_____
_____
_____

22.   NETWORKING FUNCTION

[Collaboration among Biosphere Reserves at a national, regional and global level in terms of exchange of scientific information, scientists, conservation and management practices, joint seminars and workshops is a key factor to the networking function of an internationally recognized Biosphere Reserve. Indicate any present or future joint activities and research programmes to which the proposed Biosphere Reserve may contribute]

    22.1   Collaboration among Biosphere Reserves at a <u>national</u> level (indicate on-going or planned activities):

22.2 Collaboration among Biosphere Reserves at an <u>international or regional</u> level (indicate on-going or planned activities):

23. SPECIAL DESIGNATIONS:

[Special designations recognize the importance of particular sites in carrying out the functions important in a Biosphere Reserve, such as conservation, monitoring, experimental research, and environmental education. These designations can help strengthen these functions where they exist or provide opportunities for developing them. Special designations may apply to an entire proposed Biosphere Reserve or to a site included within. Designations may be made by international agencies and organizations, agencies of government at all levels, and by private societies and organizations. Check each designation that applies to the proposed Biosphere Reserve and indicate its name]

Name:
( )   UNESCO World Heritage Site   _____
( )   RAMSAR Convention Site   _____
( )   Other conservation conventions   _____
( )   Monitoring site   _____
( )   Potential site under Convention on Biological Diversity   _____
( )   Other. Please specify   _____

24. SUPPORTING DOCUMENTS (to be submitted with nomination form)

[Clear, well-labelled maps are indispensable for evaluating Biosphere Reserve proposals. The maps to be provided should be referenced to standard coordinates wherever possible.

A GENERAL LOCATION MAP of small or medium scale <u>must</u> be provided showing the location of the Biosphere Reserve, and all included administrative areas, within the country, and its position with respect to major rivers, mountain ranges, principal towns, etc.

A Biosphere Reserve ZONATION MAP <u>must</u> be provided indicating clearly the demarcations of the core, buffer and transition zones of the proposed biosphere reserve. Pending the size of the biosphere reserve, maps at a scale of 1:25,000 or 1:50,000 should be used.

A VEGETATION MAP or LAND COVER MAP showing the principal habitat types of the proposed Biosphere Reserve <u>should</u> be provided, if available.

List the principal LEGAL DOCUMENTS authorizing the establishment and governing use and management of the proposed Biosphere Reserve and any administrative area(s) they contain. Please provide a copy of these documents, if possible with English or French translation.

( ) General location map
( ) Biosphere Reserve zonation map (large scale, preferably in black & white for photocopy reproduction, with text explaining rationale for zonation)
( ) Vegetation map or land cover map
( ) List of legal documents (if possible with English or French translation)

List existing LAND USE and MANAGEMENT PLANS (with dates and reference numbers) for the administrative area(s) included within the proposed Biosphere Reserve. Provide a copy of these documents, or indicate where a copy may be obtained.

( ) List of land-use and management plans

Provide a LIST OF IMPORTANT SPECIES (threatened species as well as economically important species) occurring within the proposed Biosphere Reserve, including common names, wherever possible.

( ) Species list (to be annexed)

25. MAILING ADDRESS OF THE LOCAL ADMINISTERING ENTITY OF THE PROPOSED BIOSPHERE RESERVE

[Government agency, organization, or other entity (entities) primarily responsible for administering or coordinating the Biosphere Reserve]

25.1 Major administering entity:
Head of local administration: _____
Name of local administration: _____
Street or P.O. Box: _____
City with postal code: _____
Country: _ _____
Telephone/telefax/telex/E-mail numbers:

25.2 Administering entity of the core area:

Street or P.O. Box: _____

City with postal code: _____

Country: _____

Telephone/telefax/telex/E-mail numbers:

_____

_____

25.3   Administering entity of the buffer zone:

_____

Street or P.O. Box: _____

City with postal code: _____

Country: _____

Telephone/telefax/telex/E-mail numbers:

_____

_____

26.   DECLARATION OF COMMITMENT

It is hereby certified that the administrative authorities responsible for the planning and management of the proposed Biosphere Reserve acknowledge their responsibility to pursue the objectives identified in the UNEP/UNESCO Action Plan for Biosphere Reserves; to elaborate and implement corresponding management principles, indicating the core/buffer zonations; and to participate in the International Network of Biosphere Reserves and the MAB Information System.

26.1   Signed by the authority/authorities in charge of the management of the core area(s):

Full name: _____

Title: _____

Date: _____

Full name: _____

Title: _____

Date: _____

26.2   Signed by the authority/authorities in charge of the management of the buffer zone(s):

Full name: _____

Title: _____

Date: _____

Full name: _____

Title: _____

Date: _____

26.3 Signed (on behalf of the MAB National Committee or the nominating authority):

Full name: _____

Title: _____

Date: _____

26.4 When appropriate, signed by the National (or State or Provincial) administration (see 12.5):

Full name: _____

Title: _____

Date: _____

ANNEX
Biosphere Reserves Survey

In order to encourage communication and the exchange of scientific information among Biosphere Reserves, a world wide data base on Biosphere Reserves is presently being created. The following entries provide information on the scientific activities, infrastructure and facilities of each Biosphere Reserve. Those interested in more detailed information may obtain this information from the designated contact individual for the Biosphere Reserve.

A number of a year behind a category indicates the year as of which scientific activities or recordings have started (e.g., Air quality: 1975). If not known or inappropriate, please indicate with an "X" behind a category that the category of activity applies to the Biosphere Reserve.

1. **BASIC RESOURCE INFORMATION**

    1.1 BIOLOGICAL INVENTORY

    Invertebrates:
    Mammals:
    Nonvascular plants:
    Vascular plants:
    Vertebrates other than mammals:
    Biological survey and collections:

    1.2 ECOLOGICAL MONITORING

    Air quality:
    Climate:
    Freshwater ecosystems:
    Groundwater hydrology:
    Marine ecosystems:
    Paleoecology:
    Precipitation chemistry:
    Surface hydrology:
    Vegetation data:
    Water quality:

1.3 RESOURCE MAPS

   Geological:
   Land use:
   Regional land tenure:
   Soils:
   Topographic:
   Vegetation:

1.4 HISTORICAL RECORDS

   Aerial photographs:
   Bibliography (number of references):
   Bibliography (year of last revision):
   Geographic Information System:
   History of scientific study:

2. **RESEARCH TOPICS**

2.1 ECOSYSTEM CYCLES AND PROCESSES

   biogeochemical cycles:
   Comparative ecological research:
   Ecological succession:
   Ecosystem modelling:
   Fire history/effects:
   Hydrological cycle:
   Sedimentation:

2.2 SPECIES POPULATIONS

   Pests and diseases:
   Rare/endangered species:
   Wildlife population dynamics:

2.3 POLLUTION

   Acidic deposition;
   Atmospheric pollutants:
   Pesticides:
   Water pollutants:

2.4 HUMAN SYSTEMS

   Archaeology:
   Cultural anthropology:
   Demography/settlement patterns:
   Ethnobiology:

Land tenure/management:
Resource economics:
Traditional land use systems:

2.5 MANAGEMENT PRACTICES

Agricultural:
Appropriate rural technology:
Ecosystem restoration:
Genetic resource management:
Mining reclamation:
Rangeland management:
Recreation/tourism:
Resource production technologies:
Soil conservation:
Watershed management:

3. **SITE SUPPORT**

3.1 INFRASTRUCTURE

Conference facilities:
Curatorial facilities:
Laboratory:
Library:
Lodging for scientists:
Road access:

3.2 MONITORING AND RESEARCH FACILITIES

Air pollution station:
Hydrological station:
Permanent plots for lake/stream:
Permanent plots for vegetation:
Weather station:
Permanent research staff: